21 世纪应用型人才系列教材·计算机类

网络综合布线实训

主　编　覃敏焱　靳亚楠　覃　琛

电子科技大学出版社
University of Electronic Science and Technology of China Press

· 成都 ·

图书在版编目（CIP）数据

网络综合布线实训 / 覃敏焱，靳亚楠，覃琛主编
. 一成都：电子科技大学出版社，2021.12
　　ISBN 978-7-5647-9312-8

　　Ⅰ. ①网… Ⅱ. ①覃… ②靳… ③覃… Ⅲ. ①计算机
网络－布线－职业教育－教材 Ⅳ. ①TP393.03

中国版本图书馆 CIP 数据核字(2021)第 245858 号

网络综合布线实训

WANGLUO ZONGHE BUXIAN SHIXUN

覃敏焱　靳亚楠　覃　琛　主编

策划编辑　　汤云辉
责任编辑　　刘　凡　汤云辉

出版发行　　电子科技大学出版社
　　　　　　成都市一环路东一段 159 号电子信息产业大厦九楼　邮编 610051
主　　页　　www.uestcp.com.cn
服务电话　　028-83203399
邮购电话　　028-83201495

印　　刷　　北京荣玉印刷有限公司
成品尺寸　　185mm×260mm
印　　张　　8.75
字　　数　　210 千字
版　　次　　2021 年 12 月第 1 版
印　　次　　2021 年 12 月第 1 次印刷
书　　号　　ISBN 978-7-5647-9312-8
定　　价　　45.00 元

前　言

随着互联网的快速普及，整个社会已经进入互联网时代、智能化时代。信息技术的发展已经成为时代的一个显著特点，网络技术及信息技术也成为现代社会经济发展中不可或缺的重要因素，网络成为人们的必需品。基于新一轮 IT 创新变革和知识经济的深入发展，人们期望构建城市发展的智慧环境，形成基于海量信息和智能过滤处理的新的生活、产业发展、社会管理等模式，面向未来构建一种新的城市形态。而一切信息技术功能与作用的发挥都源自网络综合布线的支持。

综合布线是一种模块化的、灵活性极强的建筑物内或建筑群之间的信息传输通道，是建筑物内的"信息高速公路"。综合布线系统就是为了顺应网络发展需求而特别设计的一套布线系统。对于现代化的楼宇来说，综合布线系统就如同人体内的神经，它采用了一系列高质量的标准材料，以模块化的组合方式，把语音、数据、图像和部分控制信号系统用统一的传输媒介进行综合，经过统一的规划设计，综合在一套标准的布线系统中，将现代建筑的三大子系统有机地连接起来，为现代建筑的系统集成提供了物理介质。可以说，综合布线系统的成功与否直接关系到现代化楼宇建设的成败，非常重要。

世界技能大赛被誉为"技能奥林匹克"，是青年人展示和交流职业技能的重要平台。世界技能组织的愿景是："用技能的力量来改善我们的世界。"提高技能人才的知名度和认可度，展示技术技能对实现经济增长和个人成功的重要性是世界技能组织的使命。"信息网络布线"也是该赛事的主要赛项之一。具有信息网络布线技能的人员，能够构建如广域网（WAN）、局域网（LAN）和有线电视（CATV）等所有通信网络基础设施。这项工作具有很强的技术性，并且需要具有丰富的专业知识，才能够自主设计并安装符合客户需求的网络，同时符合行业标准规范。具有信息网络布线技能的人员，是在具备了网络基础知识上，去安装相应的通信线缆，以达到网络设计预定的目标，以及能够测试网络可否使用，能够维修、维护和调试网络。

综合布线同传统的布线相比较，有着许多优越性。其特点主要表现为具有兼容性、开放性、灵活性、可靠性、先进性和经济性，而且在设计、施工和维护方面也给人们带来了许多方便。在此背景下，本书介绍了网络综合布线的概念与发展、综合布线的工具与材料，详细介绍网络综合布线工程设计，包括信息点数统计表、信息点编号表、网络拓扑结构设计、网络布线施工图正视图、俯瞰图、侧视图的绘制，重点介绍了网络布线综合实训，包括 RJ45 水晶头的制作、超五类非屏蔽模块的制作、超六类屏蔽模块的制作、25 口语音配线架的端接、110 配线架的制作（大对数线缆）、室外光缆的开缆以及熔接光纤。

由于编者水平有限，书中有不妥或疏漏之处在所难免，希望广大读者批评指正。若读者发现疏漏，恳请您于百忙之中及时与编者和出版社联系，以便尽快更正，编者将不胜感激。

编　者

2021 年 6 月

目　　录

第一章　网络综合布线概述

第一节　认识网络综合布线

1. 综合布线系统的概念

综合布线系统是智能化楼宇建设数字化信息系统的基础设施，是将所有语音、数据等系统进行统一的规划设计的结构化布线系统，提供信息化、智能化的物质媒介，支持将来楼宇内的语音、数据、图文、多媒体等的综合应用。

2. 综合布线系统的发展

随着云计算、大数据、互联网+的兴起，现在无论个人还是企业，对网络的需求日益增长，综合布线系统已经跟照明、供暖、电力一样，变成了建筑的基础建设项目之一。所以，综合布线的市场近几年一直在稳步增长。

综合布线系统已广泛应用于建筑物、建筑群以及各小区的配线网络中，同时，在工业项目中也有着广泛的应用，包括生产线、实验室等。综合布线系统作为一种基础设施，在智能化系统工程中成为不可或缺的重要组成部分。

信息网络与通信网络的发展，促进了综合布线系统产品、技术与标准的同步发展。总的来讲，综合布线是网络互联互通的传输媒介，是信息传递的通路，也必然是建筑的智能化"生命线"，不管是业主还是最终用户都对智能建筑中的综合布线系统提出了更高的要求。

3. 综合布线系统 6 大子系统

综合布线系统可划分成 6 个部分，包括：工作区子系统、水平配线子系统、管理间子系统、垂直干线子系统、设备间子系统、建筑群子系统，如图 1-1 所示。

1）工作区子系统（图 1-2）

工作区子系统在用户终端设备和水平子系统的信息插座之间起着搭桥的作用。它通常由信息插座、插座盒、连接跳线和适配器组成。

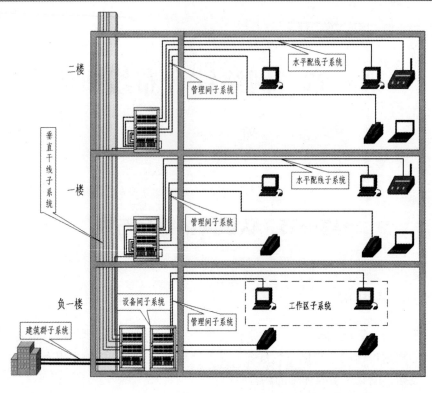

项目名称	综合布线系统图		
类别	电施	编号	1-1
编制	GXSM	时间	2020年3月2日

注:
—————— 万兆光纤
—————— 千兆光纤
—————— 双绞线

图 1-1　综合布线系统的 6 大子系统

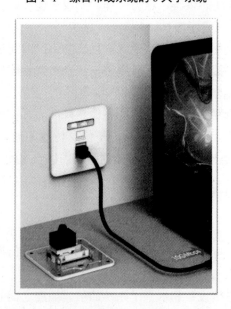

图 1-2　工作区子系统

2）水平配线子系统（图 1-3 和图 1-4）

水平配线子系统由工作区用的信息插座模块，楼层分配线设备至信息插座的水平电缆，楼层配线设备和跳线等组成。水平配线子系统根据整个综合布线系统的要求，应在二级交接间、交接间或设备间的配线设备上进行连接，以构成电话、数据、电视系统和监视系统，并方便地进行管理。

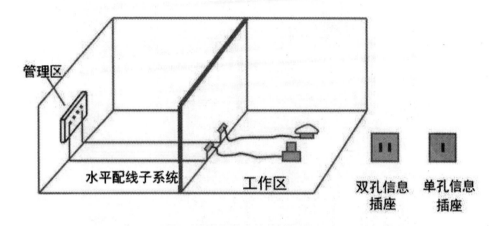

图 1-3　水平配线子系统（一）

图 1-4　水平配线子系统（二）

3）管理间子系统（图 1-5 和图 1-6）

管理间子系统设置在楼层分配线设备的房间内。管理间子系统采用单点管理双交接，管理垂直干缆和各楼层水平布线子系统的线缆，为连接其他子系统提供连接手段。

图 1-5　管理间子系统（一）

图 1-6　管理间子系统（二）

4）垂直干线子系统（图 1-7）

通常是由主设备间（如计算机房、程控交换机房）提供建筑中最重要的铜线或光纤线主干线路，是整个大楼的信息交通枢纽。一般它提供位于不同楼层的设备间和布线框间的多条连接路径，也可连接单层楼的大片地区。

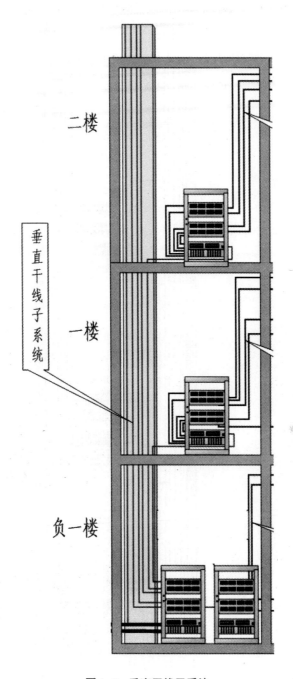

图 1-7 垂直干线子系统

5）设备间子系统（图 1-8）

设备间是在每一幢大楼的适当地点设置进线设备，进行网络管理以及管理人员值班的场所。设备间主要是安装总配线设备、交换机、计算机主机、接入网设备、监控设备以及除强电设备以外的设备及其进线。

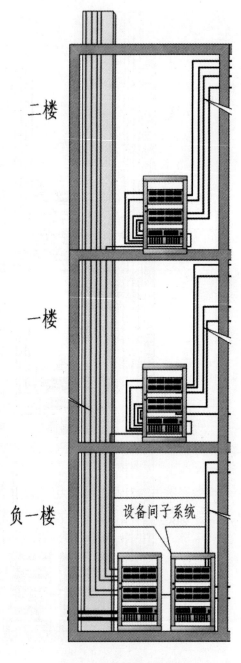

二楼

一楼

负一楼

设备间子系统

图 1-8　设备间子系统

6）建筑群子系统（图 1-9）

建筑群子系统是将一栋建筑的线缆延伸到建筑群内的其他建筑的通信设备和设施。它包括铜线、光纤以及防止其他建筑的电缆的浪涌电压进入本建筑的保护设备。它是由楼群配线架（CD）与其他建筑物的大楼配线架（BD）形成一个统一的整体，可以楼群以内交换、传输信息，并对电信公用网形成唯一的出入端口。

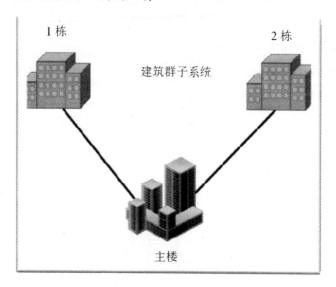

图 1-9　建筑群子系统

第二节　网络综合布线与技能大赛

1. 广西职业院校技能大赛

职业技能大赛的目的是考查参赛学生的专业技术能力、计划组织能力、沟通协作能力、书面表达能力，展示职业院校专业建设成果；搭建中职学校信息技术类、工程技术类专业的校企合作平台；培养中职学生熟练掌握网络综合布线工程的技术能力，促进职业院校电子信息类相关专业网络综合布线课程的建设与教学改革；推进中职学校与相关企业的合作，更好地实现工学结合的人才培养模式，为电子信息类行业培养高素质的技能型人才。

在 180～240 分钟内，要求参赛选手根据竞赛题目，按照要求进行网络综合布线工程项目的设计，完成链路搭建，线槽、线管、底座、模块、配线架等常用器材安装施工，光纤布线、光纤熔接和端接，各链路的测试等工作任务；设计施工图纸，统计信息点数及器材使用数量，编写竣工报告，汇总竣工材料等设计资料。

2．世界技能大赛

世界技能大赛是国际技能人才展示的大舞台，反映了最新技术发展和国际技能水平。随着信息网络技术的快速发展和普及，信息产业急需大批技能型人才，培养一流的技能人才是保证一流的产品质量的必要条件，是我国赶超世界先进水平的重要因素。

世界技能大赛"信息网络布线"赛项以网络综合布线核心技术为竞赛内容，包括网络综合布线设计技术、数据中心布线技术、工业布线技术、光缆施工技术、铜缆施工技术、光缆及铜缆测试技术等。比赛以实际工程应用环境为出发点，将实际工程应用的网络架构思想应用到比赛平台，体现出与实际工程相接轨的实践性。

第二章　综合布线工具与材料

第一节　综合布线的工具

随着互联网的快速发展，弱电行业的施工也逐渐规范化，一些专用的综合布线工具正在逐步替换传统的施工工具。专用综合布线工具的出现是随着网络的普及而应运而生的。专用综合布线工具在综合布线工作中有着非常重要的作用，它所具备的很多功能都是传统工具没法代替的。所以，专用综合布线工具可以为综合布线行业的施工提供更高的效率和更多的技术支撑。

一、压线钳

压线钳如图 2-1 所示。

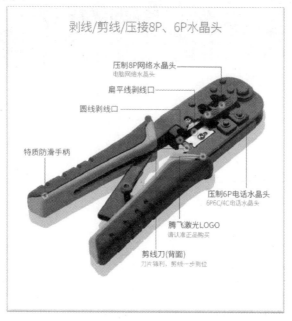

图 2-1　压线钳

压线钳是用来压制水晶头的一种工具。常见的电话线接头和网线接头都是用压线钳压制而成的。压线钳是制作双绞线连接头时必不可少的工具，一般有剥线、切线和压线三种功能。

常见的品牌有：得力、三堡、山泽等。

二、剥线钳

剥线钳如图 2-2 所示。

剥线钳的主要作用是能够快速准确地剥去网线或者大对数线缆的绝缘 PVC 外皮，同时还可以防止刀片切到铜芯的 PE 绝缘层，有效地提升水晶头的端接速度。

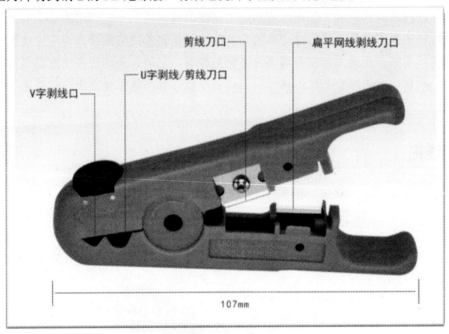

图 2-2　剥线钳

常见的品牌有：宝工、三堡、山泽等。

三、斜口钳

斜口钳（又叫扁口钳）如图 2-3 所示。

斜口钳主要用于剪切导线、元器件多余的引线，还常用来代替一般剪刀剪切绝缘套管、尼龙扎线卡等。在使用斜口钳时要量力而行，不可以用来剪切钢丝、钢丝绳和过粗的铜导线，否则容易导致钳子崩牙和损坏。

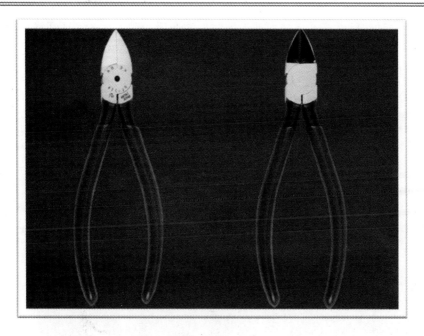

图 2-3　斜口钳

常见的品牌有：马牌、世达、史丹利等。

四、单口打线钳

单口打线钳如图 2-4 所示。

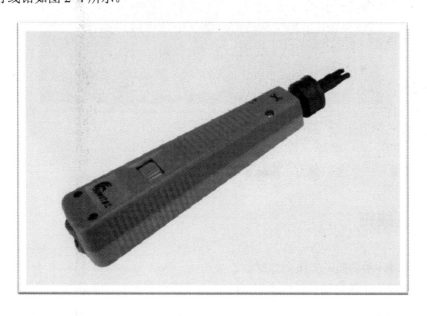

图 2-4　单口打线钳

打线钳是一种将网线卡接入模块或者配线架的专用卡线工具，实现网线与模块、配线架的卡接。

常见的品牌有：安普、三堡、宝工等。

五、线槽剪

线槽剪如图 2-5 所示。

线槽剪是综合布线里常用的工具之一，是 PVC 线槽切断的主要工具。

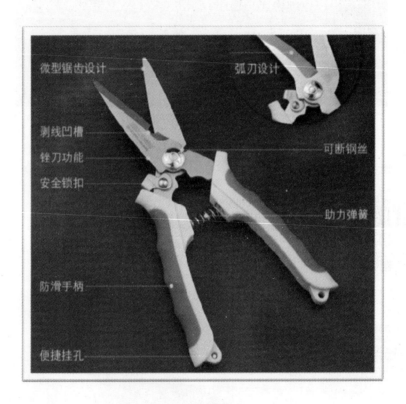

图 2-5　线槽剪

常见的品牌有：京选、得力、拓驰等。

六、光纤剥线钳

光纤剥线钳（米勒钳）如图 2-6 所示。

光纤剥线钳是光缆终端接续中常用的工具，可以有效地剥除光缆和外层护套，加速处理光纤网络的维护工作。

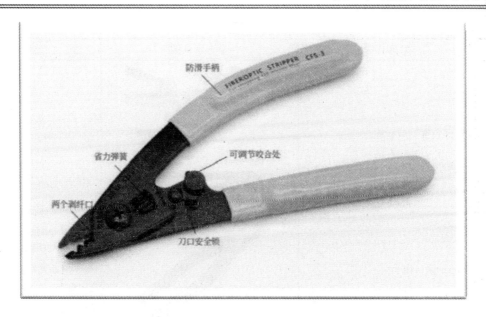

图 2-6 光纤剥线钳

常见的品牌有：米勒、家烨、博扬等。

七、世界技能大赛网络信息布线赛项工具清单

世界技能大赛网络信息布线赛项工具清单见表 2-1。

表 2-1 世界技能大赛网络信息布线赛项工具清单

序号	工具名称	参考示意图	说明
1	Tool Box 工具箱、工具车		工具箱体积不能超过 0.13m³，约合 570mm× 570mm×400mm 大小
2	Combination Pliers 老虎钳或钢丝钳		用于剪断光缆钢丝加强筋
3	Pliers（long nose）尖嘴钳		可用于同轴电缆 F 连接头安装

续表

序号	工具名称	参考示意图	说明
4	Pliers 鱼嘴钳或管钳	65515240 65516240	用于压六类屏蔽模块铁壳
5	Nipper 偏口钳		用于剪断光纤纤芯
6	Copper conductor snipping tool 电子水口钳		用于剪断铜缆多余的铜芯
7	Screwdriver （+/−） 十字/一字螺丝刀		
8	Precision screwdriver set 精密仪表螺丝刀组		用于安装光纤耦合器小螺丝
9	Measure （5m）卷尺		

序号	工具名称	参考示意图	说明
10	Scale 直角尺		
11	Fiber buffer stripper（025/09）光纤剥线钳（米勒钳）		
12	五对打线钳		用于打 110 模块，现场可提供部分借用
13	Optical cable stripper 光缆开缆刀		横纵开缆
14	Fiberl loose tube stripper 光纤松套管剥线钳		
15	Coaxal stripper 剥线钳		用于剥同轴电缆和双绞线
16	Scissors 剪刀		

序号	工具名称	参考示意图	说明
17	Fiber Kevlar shears.凯夫拉线剪刀		
18	Single Wire Punchdown Tool 模块打线钳		
19	Case 零件盒		
20	Crimp tool for RJ45 modular plugs, RJ45 压线钳		
21	Hexagon wrench 内六方扳手组,活扳手,套筒扳手		

序号	工具名称	参考示意图	说明
22	网络通断验证测试仪		用于施工验证测试，不允许用寻线仪
23	红光笔		用于测光纤通断
24	Marking pen 记号笔		不要在面板上写画，不易擦除
25	工具腰包		不局限于一种形式
26	Safety glasses 护目镜		
27	Level measure 水平仪		

序号	工具名称	参考示意图	说明
28	Drill/Screwdriverand accessories 电动螺丝刀（含各类批头）		使用时不可直接接电源
29	Fish Tape 穿线器		住宅布线系统的波纹管穿线必须用穿线器引导
30	不掉毛的清洁布		光纤熔接时，擦拭剥线钳，速度大赛要求每剥一次光纤涂覆层，必须清洁一下米勒钳
31	Optical fibre connector cleaning tool 光纤连接器清洁工具		插接耦合器时用于清洁连接头
32	笔记本电脑		用于配置无线设备
33	Cleaning tool for desk and working area 清洁工具，扫把，簸箕		小型刷子和小簸箕即可

序号	工具名称	参考示意图	说明
34	Fiber cleaning kit（Alcohol dispensing bottle（empty））酒精泵		保障安全
35	Timer 计时器		
36	Labeling tool 标签打印机		
37	散热支架		
38	Safety gloves 防护手套或防滑粉		

序号	工具名称	参考示意图	说明
39	Dust box 垃圾桶	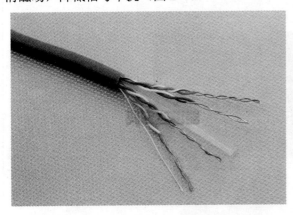	
40	其他工具设备如：熔接机、FLUKE 测试仪、魔术贴、电工胶布、无尘纸、去除油膏的生粉和面巾纸等		

第二节　综合布线的材料

一、双绞线

　　双绞线（Twisted Pair，TP）是综合布线工程中最常用的一种传输介质，是由两根具有绝缘保护层的铜导线组成的。把两根绝缘的铜导线按一定密度互相绞在一起，目的是：两两抵消磁场，降低信号干扰（图 2-7）。

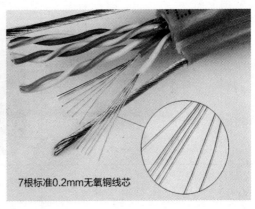

7根标准0.2mm无氧铜线芯

图 2-7　双绞线

1. 常用的双绞线

　　双绞线常见的有几类线：五类线、超五类线，以及六类线，前两者线径细而后者线径粗，具体型号如下。

五类线（CAT5）：该类线缆增加了绕线密度，外层是一种高质量的绝缘材料，线缆最高频率带宽为 100MHz，最高传输率为 100Mbps，用于语音传输和最高传输速率为 100Mbps 的数据传输，主要用于 100BASE-T，最大网段长为 100m。这是最常用的以太网电缆。

超五类线（CAT5e）：超五类线具有衰减小、串扰少等优点，并且具有更高的衰减与串扰的比值（ACR）和信噪比（SNR）、更小的时延误差，性能得到很大提升。线缆最高频率带宽为 155MHz，最高传输速率为 1000Mbps。超五类线可用于千兆以太网（1000Mbps）。

六类线（CAT6）：该类线缆的传输频率为 1MHz～250MHz。六类布线系统在 200MHz 时综合衰减串扰比（PS-ACR）应该有较大的余量。六类线的传输性能远远高于超五类线，适用于传输速率高于 1Gbps 的应用。六类线与超五类线的一个重要的不同点在于：改善了在串扰以及回波损耗方面的性能，对于新一代全双工的高速网络应用而言，优良的回波损耗性能是极重要的。六类标准中取消了基本链路模型，布线标准采用星形拓扑结构，要求布线距离为：永久链路的长度不能超过 90m，信道长度不能超过 100m。

超六类线（CAT6A）：此类产品传输带宽介于六类线和七类线之间，传输频率为 500MHz，传输速度为 10Gbps，标准外径 6mm。

2. 非屏蔽双绞线

非屏蔽双绞线如图 2-8 和图 2-9 所示。

非屏蔽双绞线（Unshielded Twisted Pair，UTP）是目前市场上应用最多的布线系统线材，用于传输带宽在 250MHz 以下，没有特殊性能要求的普通网络应用，整体性能符合要求，价格便宜，施工和维护方便。但此类线的性能最高极限仅支持六类网线的布线系统。

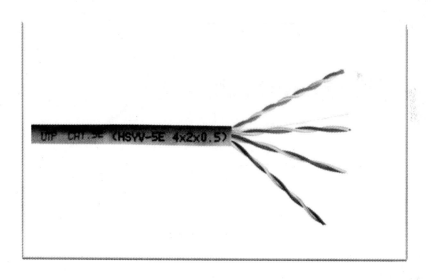

图 2-8　五类非屏蔽双绞线

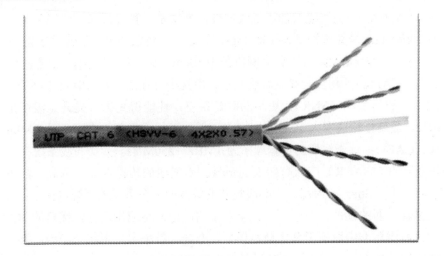

图 2-9　六类非屏蔽双绞线

3．屏蔽双绞线

屏蔽双绞线如图 2-10 和图 2-11 所示。

屏蔽双绞线（Shielded Twisted Pair，STP）是内部有屏蔽层的网线，屏蔽层是铝箔和编织网。增加屏蔽层是为了减少外界电磁干扰对数据传输造成的影响，该线缆常用于电磁环境复杂、干扰较强的机房环境。

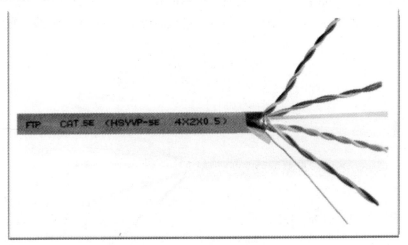

图 2-10　五类屏蔽双绞线

二、大对数线缆

大对数线缆如图 2-12 所示。

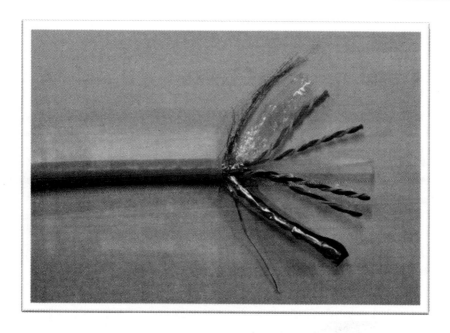

图 2-11　六类屏蔽双绞线

图 2-12　25 对大对数线缆

　　大对数即多对数的意思，是指很多一对一对的电缆组成一小捆，再由很多小捆组成一大捆。大对数线缆主要用于语音建筑垂直主干线，与 110 配线架设备结合，可实现语音传输及配线，常用的有 25 对、50 对、100 对。它主要用于电信部门的交换站和用户之间的连接。

三、光纤与光缆

光纤与光缆如图 2-13 所示。

1．光纤与光缆的区别

光纤的全名叫作光导纤维，是由玻璃或塑料制成的纤维，可作为光传导工具。

光缆是为了满足光学、机械或环境的性能规范而制造的，它是利用置于包覆护套中的一根或多根光纤作为传输媒质并可以单独或成组使用的通信线缆组件。

光纤外层的保护结构可以防止周遭环境对光纤的伤害。光缆包括光纤、缓冲层及披覆。光纤和同轴电缆相似，只是没有网状屏蔽层。纤芯通常是由石英玻璃制成的横截面积很小的双层同心圆柱体，它质地脆、易断裂，因此需要外加一保护层。

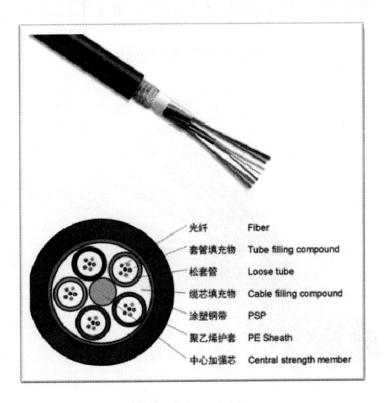

图 2-13　光缆结构图

2．单模光纤与多模光纤

单模光纤与多模光纤如图 2-14 所示。

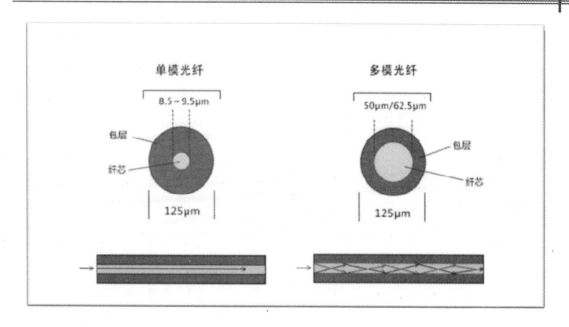

图 2-14　单模光纤与多模光纤

　　单模光纤（SMF）以一种模式传输，纤芯直径 8.5～9.5μm，包层直径为 125μm。单模光纤的数据传输速率可达 1Gb/s，传输距离至少可以达到 5km，主要应用于远程信号传输。它的光源为激光光源。线缆颜色多为黄色，连接头多为蓝色或绿色。

　　多模光纤（MMF）支持多种模式传输，纤芯直径 50～62.5μm，包层直径为 125μm。典型的传输速度是 100Mb/s，传输距离可达 2km（100BASE-FX），1Gb/s 可达 1000m，10Gb/s 可达 550m。它主要应用于短距离的光纤通信，如在建筑物内或校园里。它的光源为 LED 光源。线缆颜色千兆多为橙色，万兆多为水蓝色，连接头多为灰白色。

　　多模光纤可以支持多个光模式，它的价格高于单模光纤。但在设备方面，由于单模光纤通常采用固态激光二极管，所以，单模光纤的设备比多模光纤的设备更昂贵。因此，使用多模光纤的成本远低于使用单模光纤的成本。

　　光纤的优点如下：

　　（1）光纤的通频带很宽，理论上可达 30 亿兆赫兹。

　　（2）无中继段长。传输距离可达 100 多千米，而铜线只有几百米。

　　（3）不受电磁场和电磁辐射的影响。

　　（4）重量轻，体积小。

　　（5）光纤通信不带电，使用安全，可用于易燃、易爆场所。

　　（6）使用环境温度范围宽。

　　（7）耐化学腐蚀，使用寿命长。

3．光纤常用连接器类型

光纤连接器是光纤与光纤之间进行可拆卸（活动）连接的器件，它把光纤的两个端面精密对接起来，使光信号可以连续而形成光通路。光纤连接器是可活动的、重复使用的，也是目前光通信系统中必不可少且使用量最大的无源器件。

从外形上分，光纤连接器可以分为：FC 型、SC 型、LC 型、MU 型、ST 型、MT 型等。

（1）FC 型连接器为金属套连接器。FC 型连接器用螺丝锁紧的方式进行紧固，抗拉强度高。结构简单，操作方便，制作容易，耐用，可用于高振动环境，如图 2-15 所示。

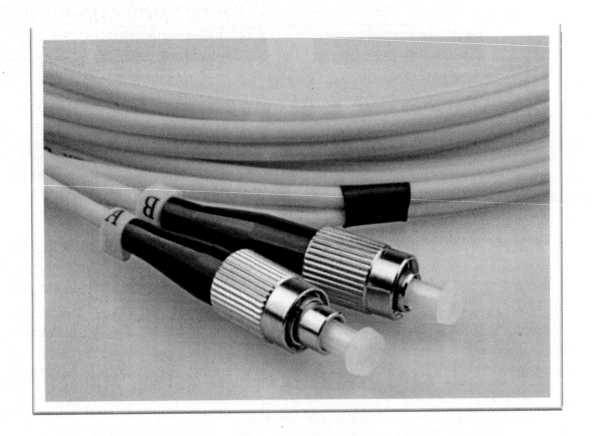

图 2-15　FC 型连接器

（2）SC 型连接器的外壳采用模塑工艺，用铸模玻璃纤维塑料制成，呈矩形。SC 型连接器采用插拔销闩式进行紧固，无须旋转，插拔操作方便，价格低廉，介入损耗波动小，抗压强度较高，如图 2-16 所示。

（3）LC 型连接器是采用模块化插孔（RJ）闩锁机理制成的。LC 型连接器所采用的插针和套筒的尺寸为 1.25mm，是普通 SC、FC 型连接器的尺寸的一半，如图 2-17 所示。

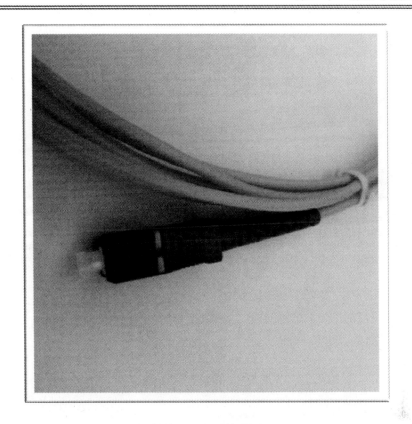

图 2-16　SC 型连接器

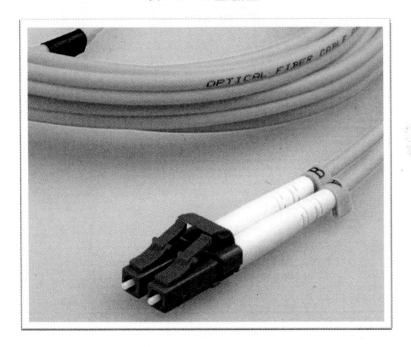

图 2-17　LC 型连接器

（4）ST 型连接器的外壳呈圆形，采用 2.5mm 的环形塑料或金属外壳，紧固方式为螺丝扣，常用于光纤配线架，如图 2-18 所示。

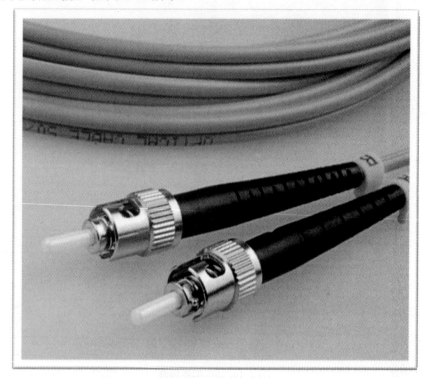

图 2-18 ST 型连接器

第三章 网络综合布线工程设计

第一节 综合布线工程常用术语和符号

综合布线工程常用术语和符号中英文解释，见表3-1。

表3-1 综合布线工程常用术语和符号中英文解释

序号	术语或符号	英文名	中文名或解释
1	BA	Building Automatization	楼宇自动化
2	BD	Building Distributor	建筑物配线设备
3	100BASE-T4	100BASE-T4	100Mbit/s 基于 4 对线应用的以太网
4	1000BASE-T	1000BASE-T	1000Mbit/s 基于 4 对线全双工应用的以太网
5	CD	Campus Distributor	建筑群配线设备
6	CP	Consolidation Point	集合点
7	dB		电信传输单位：分贝
8	ELA	Electronic Industries Association	美国电子工业协会
9	ER	Equipment Room	设备间
10	FC	Fiber Channel	光纤信道
11	FD	Floor Distributor	楼层配线设备
12	FDDI	Fiber Distributed Data Interface	光纤分布数据接口
13	FTTB	Fiber To The Building	光纤到大楼
14	FTTD	Fiber To The Desk	光纤到桌面
15	FTTH	Fiber To The Home	光纤到家庭
16	HUB	HUB	集线器
17	IBS	Intelligent Building System	智能大楼系统
18	ISDN	Integrated Services Digital Network	综合业务数字网
19	ISO	International Organization for Standardization	国际标准化组织
20	STP	Shielded Twisted Pair	屏蔽对绞线
21	TO	Telecommunications Outlet	信息插座（电信引出端）
22	TP	Transition Point	转接点
23	UPS	Uninterrupted Power System	不间断电源系统

序号	术语或符号	英文名	中文名或解释
24	UTP	Unshielded Twisted Pair	非屏蔽对绞线
25	VOD	Video on Demand	视像点播
26	WAN	Wide Area Network	广域网

第二节 综合布线工程设计

本书以"建筑群模型"作为网络综合布线系统工程实例（图 3-1）。工程设计内容包括信息点数统计表、信息点编号表、网络拓扑结构设计、网络布线施工图绘制正视图、俯瞰图、侧视图。

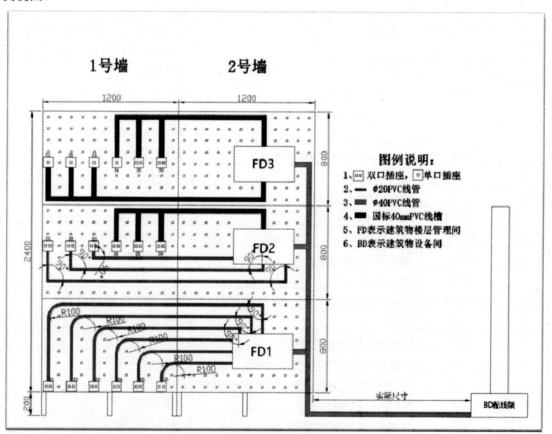

图 3-1 建筑群网络综合布线系统模型图

实训一 信息点数统计表

根据布线系统模型图，利用 Excel 软件对各信息点进行统计，利用公式计算，最后完成数据点和语音点数量统计表的统计，设置为 A4 幅面，以"信息点统计表"为文件名保存，如图 3-2 所示。

信息点统计表

房间	X1		X2		X3		X4		X5		X6		楼层合计		合计
楼层	TO	TP	TO	TP	TO	TP	TO	TP	TO	TP	TO	TP	TO	TP	
三层	1		1		1		1		2		2		8		
二层	1		1		1		2		2		2		9		
		1		1		1								3	
一层	1		1		1		1		1		1		6		
		1		1		1		1		1		1		6	
合计	3	2	3	2	3	2	4	1	5	1	5	1	23	9	32

编制人：GXSM   时间：2020年3月2日

图 3-2 信息点统计表

注：

X 代表的是房间号。

TO 代表的是网络信息点。

TP 代表的是语言信息点。

步骤一：打开 Excel 软件，按照图 3-2 所示输入数据，并设置字体字号、对齐方式；

步骤二：合并相应的单元格区域；

步骤三：根据实际情况填写每个楼层每个房间网络信息点与语言信息点的数量；

步骤四：在最下方"合计"行、最右侧"楼层合计"列、"合计"列运用 SUM 函数进行计算；

步骤五：根据实际情况写入明细。

实训二　信息点编号表

　　根据信息点统计表，以标准名称为各数据点和语音点终端、配线架端口、交换机端口等配置编号对应表，清晰标示线缆路由地址。设置为 A4 幅面，以"链路端口编号表"为文件名保存，如图 3-2 所示。

表 3-2　信息点编号表

序号	工作区信息点编号	底盒编号	楼层机柜编号	配线架编号	配线架端口编号
1	21-1-FD1-1-1	21	FD1	1	1
2	21-2-FD1-1-2	21	FD1	1	2
3	22-1-FD1-1-3	22	FD1	1	3
4	22-2-FD1-1-4	22	FD1	1	4
5	23-1-FD1-1-5	23	FD1	1	5
6	23-2-FD1-1-6	23	FD1	1	6
7	24-1-FD1-1-7	24	FD1	1	7
8	24-2-FD1-1-8	24	FD1	1	8
9	25-1-FD1-1-9	25	FD1	1	9
10	25-2-FD1-1-10	25	FD1	1	10
11	26-1-FD1-1-11	26	FD1	1	11
12	26-2-FD1-1-12	26	FD1	1	12
13	21-1-FD2-1-1	21	FD2	1	1
14	21-2-FD2-1-2	21	FD2	1	2
15	22-1-FD2-1-3	22	FD2	1	3
16	22-2-FD2-1-4	22	FD2	1	4
17	23-1-FD2-1-5	23	FD2	1	5
18	23-2-FD2-1-6	23	FD2	1	6
19	24-1-FD2-1-7	24	FD2	1	7
20	24-2-FD2-1-6	24	FD2	1	8
21	25-1-FD2-1-9	25	FD2	1	9
22	25-2-FD2-1-10	25	FD2	1	10
23	26-1-FD2-1-11	26	FD2	1	11
24	26-2-FI2-1-12	26	FD2	1	12
25	31-1-FD3-1-1	31	FD3	1	1

序号	工作区信息点编号	底盒编号	楼层机柜编号	配线架编号	配线架端口编号
26	32-1-FD3-1-2	32	FD3	1	2
27	33-1-FD3-1-3	33	FD3	1	3
28	34-1-FD3-1-4	34	FD3	1	4
29	35-1-FD3-1-5	35	FD3	1	5
30	35-2-FD3-1-6	35	FD3	1	6
31	36-1-FD3-1-7	36	FD3	1	7
32	36-2-FD3-1-8	36	FD3	1	8

实训三　网络拓扑结构设计

利用 Visio 软件设计基本网络拓扑图，分别以"网络拓扑图"为文件名保存，并以 A4 幅面打印图纸，在图纸设计中应清晰表明建筑物 A 的各个子系统的区域划分及信息点的数量、产品型号、端口数、线缆数等内容。

步骤一：打开 Visio 软件，在"文件"菜单选择新建详细网络图-3D（如图 3-3 所示）。

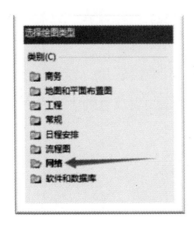

图 3-3　新建详细网络图-3D

步骤二：点击"绘图"工具，使用"线条"工具画出一个 $|X|$ 图形，并将图形进行组合，避免移动时出现零散的情况（如图 3-4 所示）。

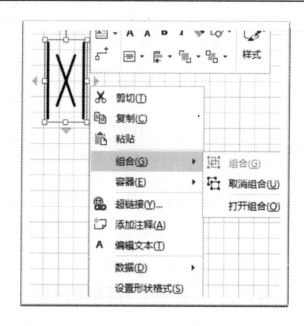

图 3-4　绘制图形并组合

步骤三：使用复制粘贴功能将 ▯X▯ 图形快速绘制出来（如图 3-5 所示）。

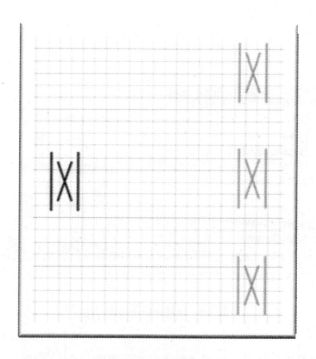

图 3-5　复制粘贴图形

步骤四：用"线条"工具将图形连接在一起，并注意线端的形状（如图 3-6 所示）。

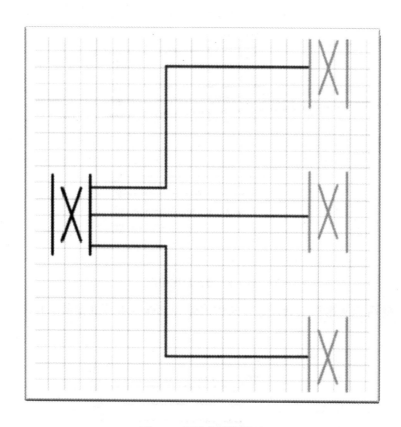

图 3-6   用线条连接图形

步骤五：用"线条"工具和"方框"工具画出插座底盒及连接插座底盒的线缆（可以通过缩放功能放大页面绘制底座）（如图 3-7 所示）。

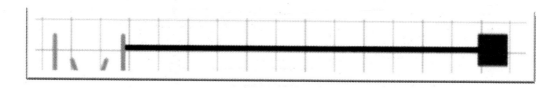

图 3-7   绘制插座底盒和线缆

步骤六：通过复制的方法，绘制出所需的图形（如图 3-8 所示）。

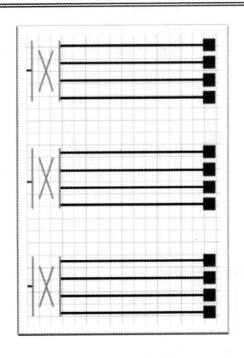

图 3-8　复制粘贴图形

步骤七：使用"文本"工具，选择长仿宋体（工程专用）进行信息标注（如图 3-9 所示）。

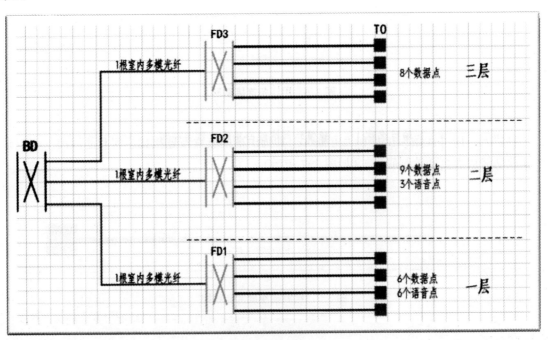

图 3-9　信息标注

步骤八：使用"文本"工具在左下角进行图例说明（如图3-10所示）。

图3-10　图例说明

步骤九：在右下角制作图纸详细的标题栏（如图3-11所示）。

（1）在 ▦ 菜单中找到 ▦ 。

（2）选择"插入对象"中的 | **Microsoft Excel工作表** | 。

（3）根据实际情况写入明细。

项目名称	建筑物网络综合布线工程系统图		
类　别	电施	编号	
编　制		时间	2020年3月2日

图3-11　制作图纸标题栏

完成效果图如图3-12所示。

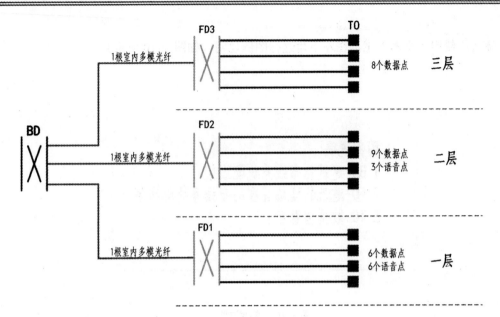

图例说明：
1. BD-建筑物布线系统配线架
2. FD-建筑物楼层管理间布线系统配线架
3. TO-数据信息点

项目名称	建筑物网络综合布线工程系统图		
类 别	电施	编号	
编 制		时间	2020年3月2日

图 3-12　完成效果图

实训四　网络布线施工图绘制——正视图

使用 Visio 软件，根据布线系统模型图设计成平面施工图正视图，要求施工图中的文字、线条、尺寸、符号清楚和完整。设备和器材规格必须符合规定，器材和位置等尺寸现场实际测量。要求包括以下内容：

（1）BD-FD-TO 布线路由、设备位置和尺寸正确。

（2）机柜和网络插座位置、规格正确。

（3）图面布局合理，位置尺寸标注清楚正确。

（4）图形符号规范，说明正确和清楚。

（5）标题栏完整，签署名字等基本信息。

（6）以"正视图"为文件名保存。

步骤一：打开 Visio 软件，在"文件"菜单中选择新建详细网络图-3D（如图 3-13 所示）。

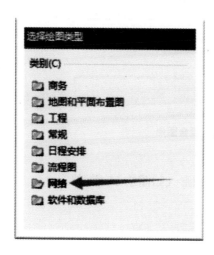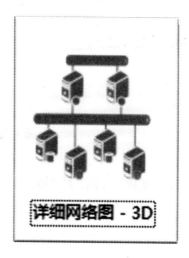

图 3-13　新建详细网络图-3D

步骤二：点击"绘图"工具，使用"矩形"工具 绘制出正面工作区域（如图 3-14 所示）。

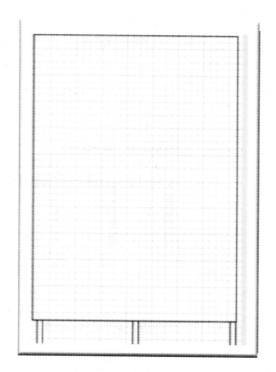

图 3-14　绘制正面工作区域

步骤三：使用"矩形"工具  画出不同大小的正方形，将其组合在一起视为插座底盒（如图 3-15 所示）。

（1）画出插座底盒 ⬜，（可以通过缩放功能放大页面绘制底座）。

（2）同时选中两个正方形 ⬜。

（3）右键选择进行组合。

图 3-15　组合图形

步骤四：通过复制的方法，绘制出所需的图形（如图 3-16 所示）。

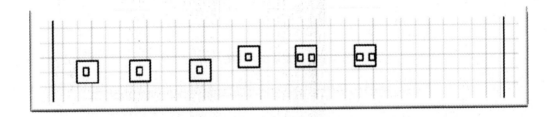

图 3-16　绘制插座底盒

步骤五：使用"矩形"工具  绘制出连接插座底盒到机柜的线槽，并进行颜色的填充（如图 3-17 所示）。

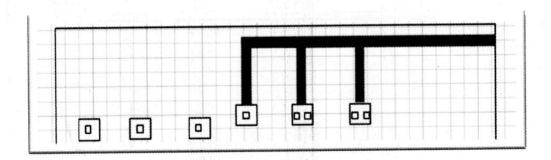

图 3-17　绘制插座底盒到机柜的线槽

步骤六：根据需要绘制出所有线槽（如图 3-18 所示）。

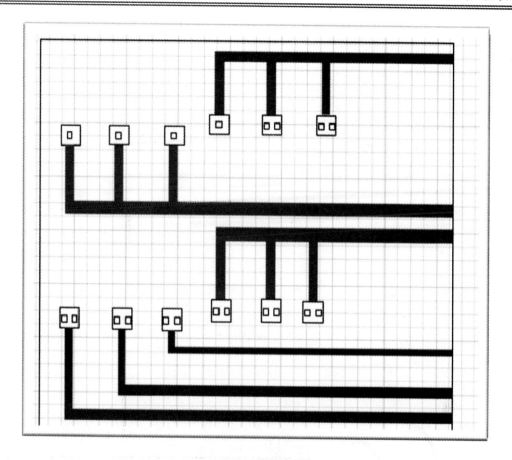

图 3-18　绘制所有线槽

步骤七：使用"线条"工具 ![线条工具] 绘制出连接插座底盒和机柜的线管（如图 3-19 所示）。

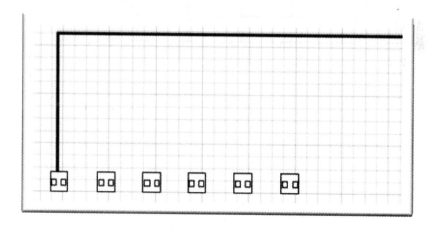

图 3-19　绘制连接插座底盒和机柜的线管

步骤八：通过"指针"工具，选择绘制好的线条，预设圆角（如图 3-20 所示）。

（1）选中需要弯曲的线管。

（2）在右侧弹出设置中找到"圆角预设"选定圆角。

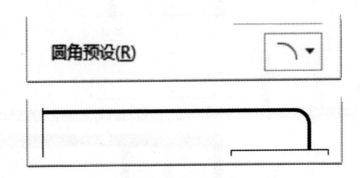

图 3-20　圆角预设

步骤九：同样的方法，使用"绘图"工具里的"线条"工具 绘制所有线管（如图 3-21 所示）。

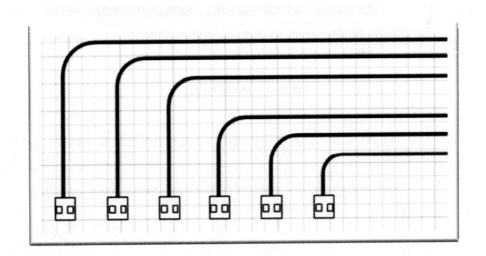

图 3-21　绘制所有线管

步骤十：使用"线条"工具 和"箭头"工具 箭头(A) 标注尺寸（如图 3-22 所示）。

（1）选中线条 线条 。

（2）找到"箭头"工具 箭头(A) 。

（3）选中"双箭头"工具 。

（4）绘制双箭头并标注尺寸。

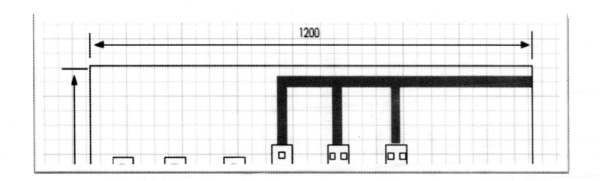

图 3-22　标注尺寸

步骤十一：在右下角制作图纸详细的标题栏（如图 3-23 所示）。

（1）在 插入 菜单中找到 对象 。

（2）选择"插入对象"中的 Microsoft Excel 工作表 。

（3）根据实际情况写入明细。

项目名称	建筑物网络综合布线工程系统图		
类　别	电施	编号	
编　制		时间	2020年3月2日

图 3-23　制作图纸标题栏

完成效果图如图 3-24 所示。

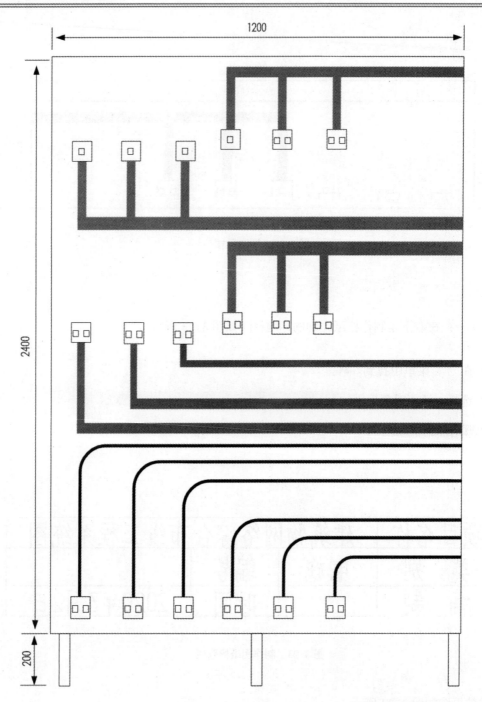

项目名称	建筑物网络综合布线工程系统图		
类 别	电施	编号	
编 制		时间	2020年3月2日

图 3-24　完成效果图

实训五 网络布线施工图绘制——侧视图

使用 Visio 软件，根据布线系统模型图设计平面施工图侧视图，要求施工图中的文字、线条、尺寸、符号清楚和完整。设备和器材规格必须符合规定，器材和位置等尺寸现场实际测量得出。要求包括以下内容：

（1）BD-FD-TO 布线路由、设备位置和尺寸正确。

（2）机柜和网络插座位置、规格正确。

（3）图面布局合理，位置尺寸标注清楚正确。

（4）图形符号规范，说明正确和清楚。

（5）标题栏完整，签署名字等基本信息。

（6）以"侧视图"为文件名保存。

步骤一：打开 Visio 软件，在"文件"菜单中选择新建详细网络图-3D（如图 3-25 所示）。

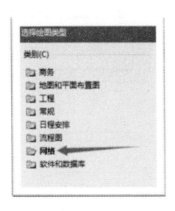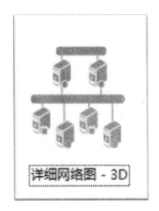

图 3-25　新建详细网络图-3D

步骤二：点击"绘图"工具，使用"矩形"工具 □▾ 绘制出观测到的工作区域（如图 3-26 所示）。

步骤三：使用"矩形"工具 □▾ 绘制出机柜，根据俯视角度的效果绘制（如图 3-27 所示）。

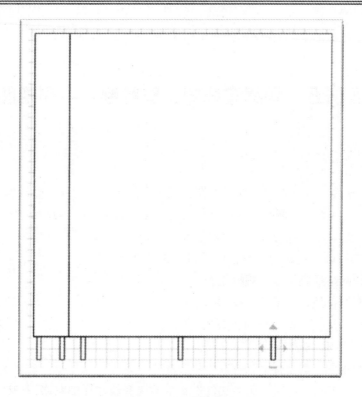

图 3-26　绘制工作区域

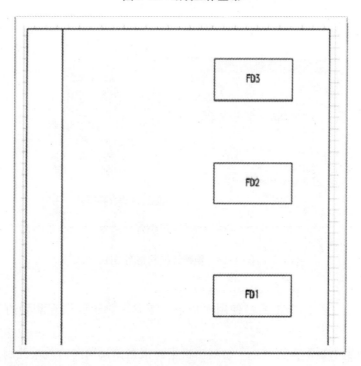

图 3-27　绘制机柜

步骤四：使用"矩形"工具 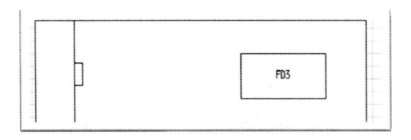 绘制出插座底盒（如图 3-28 所示）。

图 3-28   绘制插座底盒

步骤五：使用"矩形"工具 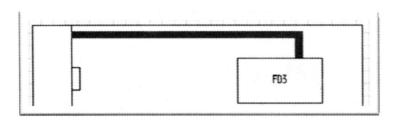 画出连接插座底盒到机柜的线槽，并进行颜色的填充（如图 3-29 所示）。

图 3-29   绘制连接插座底盒到机柜的线槽

步骤六：根据需要绘制出所有线槽（如图 3-30 所示）。

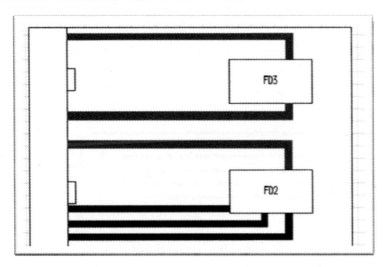

图 3-30   绘制所有线槽

步骤七：使用"线条"工具 绘制出连接插座底盒到机柜的线管（如图3-31所示）。

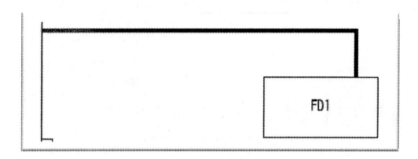

图3-31　绘制连接插座底盒到机柜的线管

步骤八：通过"指针"工具，选择绘制好的线条，预设圆角（如图3-32所示）。

（1）选中需要弯曲的线管。

（2）在右侧弹出设置中找到"圆角预设"选定圆角。

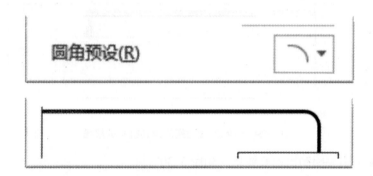

图3-32　圆角预设

步骤九：用同样的方法，使用"绘图"工具里的"线条"工具 绘制所有线管（如图3-33所示）。

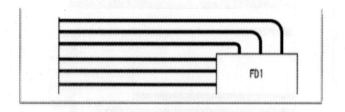

图3-33　绘制所有线管

步骤十：使用"矩形"工具 绘制出建筑物配线设备（BD配线架）（如图3-34所示）。

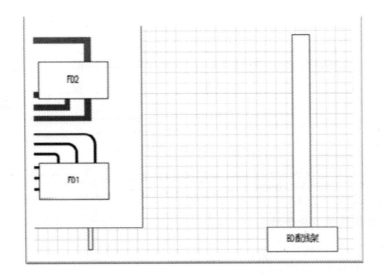

图 3-34 绘制建筑物配线设备（BD 配线架）

步骤十一：使用"矩形"工具 ▭▾ 绘制出连接机柜与建筑物配线设备（**BD** 配线架）的线槽，并进行颜色的填充（如图 3-35 所示）。

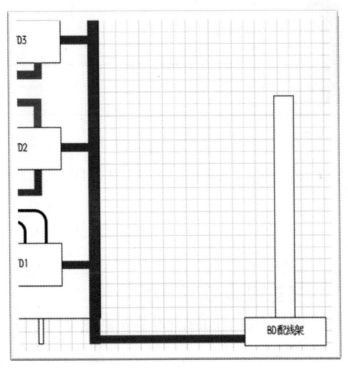

图 3-35 绘制出连接机柜与 BD 配线架的线槽

步骤十二：使用"箭头"工具标注尺寸（如图 3-36 所示）。

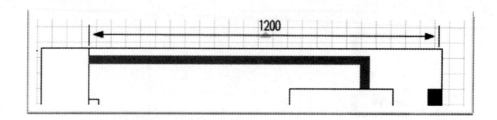

图 3-36　标注尺寸

步骤十三：对安装设备进行箭头标注（如图 3-37 所示）。

（1）使用"线条"工具 绘制一条直线。

（2）点击使用线条效果 。

（3）找到"箭头"工具 。

（4）选中"单箭头"工具 。

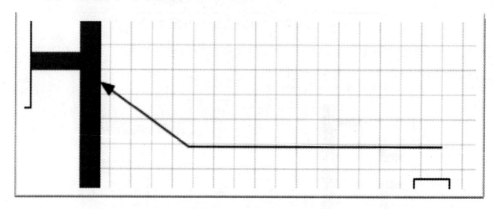

图 3-37　进行箭头标注

步骤十四：使用"文本"工具，选择长仿宋体（工程专用）进行信息标注（如图 3-38 所示）。

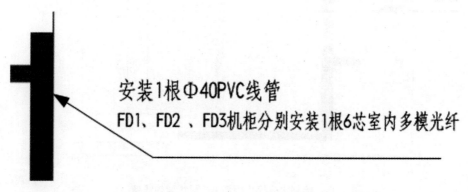

安装1根Φ40PVC线管
FD1、FD2、FD3机柜分别安装1根6芯室内多模光纤

图 3-38　标注信息

步骤十五：在右下角制作图纸详细的标题栏（如图 3-39 所示）。

（1）在 插入 菜单中找到 对象 。

（2）选择"插入对象"中的 Microsoft Excel 工作表 。

（3）根据实际情况写入明细。

项目名称	建筑物网络综合布线工程系统图		
类　别	电施	编号	
编　制		时间	2020年3月2日

图 3-39　制作图纸标题栏

完成效果图如图 3-40 所示。

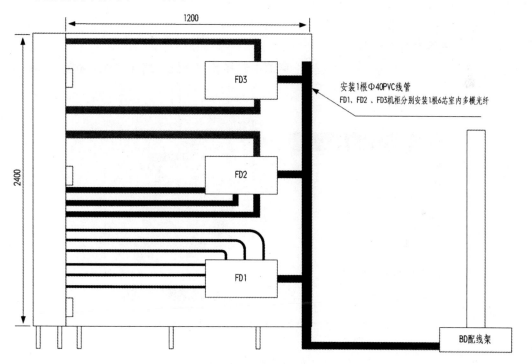

图 3-40　完成效果图

实训六　网络布线施工图绘制——俯视图

使用 Visio 软件，根据布线系统模型图设计成平面施工图俯视图，要求施工图中的文字、线条、尺寸、符号清楚和完整。设备和器材规格必须符合规定，器材和位置等尺寸现场实际测量。要求包括以下内容：

（1）BD-FD-TO 布线路由、设备位置和尺寸正确。

（2）机柜和网络插座位置、规格正确。

（3）图面布局合理，位置尺寸标注清楚正确。

（4）图形符号规范，说明正确和清楚。

（5）标题栏完整，签署名字等基本信息。

（6）以"俯视图"为文件名保存。

步骤一：打开 Visio 软件，在"文件"菜单中选择新建详细网络图-3D（如图 3-41 所示）。

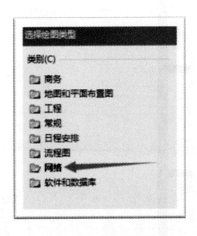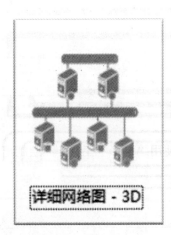

图 3-41　新建详细网络图-3D

步骤二：点击"绘图"工具，使用"矩形"工具绘制出观测到的工作区域（如图 3-42 所示）。

步骤三：使用"矩形"工具绘制出机柜，根据俯视角度的效果绘制，因为机柜位置重合，所以只需要画出一个（如图 3-43 所示）。

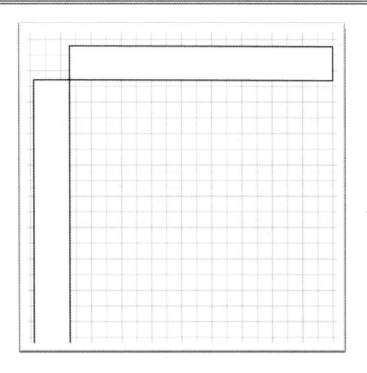

图 3-42 绘制观测到的工作区域

图 3-43 绘制机柜

步骤四：使用"矩形"工具 绘制出插座底盒，根据俯视角度的效果，只需要绘制出最上层（如图 3-44 所示）。

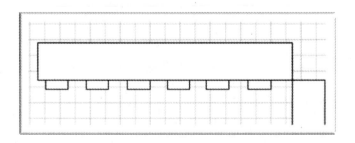

图 3-44 绘制插座底盒

步骤五：使用"矩形"工具□·绘制出建筑物配线设备（BD 配线架）（如图 3-45 所示）。

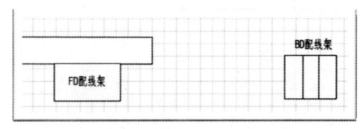

图 3-45　绘制建筑物配线设备（BD 配线架）

步骤六：使用"线条"工具 ╲·绘制出机柜与建筑物配线设备的接连线管（如图 3-46 所示）。

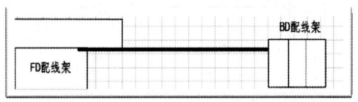

图 3-46　绘制机柜与建筑物配线设备的接连线管

步骤七：使用"线条"工具 ╲· 和"箭头"工具 ⇄ 箭头(A)　　　▶ 标注尺寸（如图 3-47 所示）。

（1）使用"线条"工具 ╲· 绘制一条直线。

（2）点击使用线条效果 ∕线条·。

（3）找到"箭头"工具 ⇄ 箭头(A)　　▶。

（4）选中"双箭头"工具 ◄────►。

（5）根据实际数据标注尺寸。

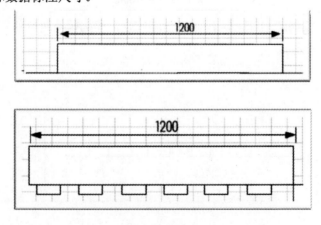

图 3-47　标注尺寸

步骤八：对安装设备进行箭头标注（如图 3-48 所示）。

（1）使用"线条"工具 ![线条] 绘制一条直线。

（2）点击使用线条效果 ![线条]。

（3）找到"箭头"工具 ![箭头(A)]。

（4）选中"单箭头"工具 ![单箭头]。

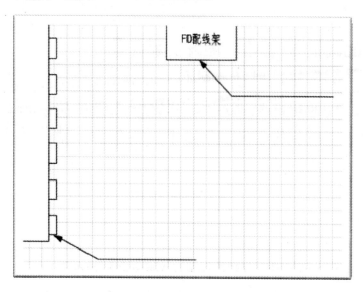

图 3-48　进行箭头标注

步骤九：使用"文本"工具，选择长仿宋体（工程专用）进行信息标注（如图 3-49 所示）。

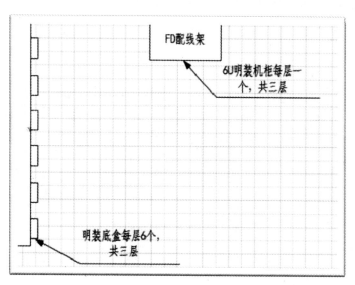

图 3-49　标注信息

步骤十：使用"文本"工具在左下角进行图例说明（如图 3-50 所示）。

施工说明：
1、BD配线架为1台西元配线实训装置。
2、FD为6U机柜，壁挂式机柜。
3、全部数据信息点插座采用86×86系列，明装底盒。
4、BD向FD机柜安装1根Φ40 PVC冷弯管，使用管卡固定。

图 3-50　图例说明

步骤十一：在右下角制作图纸详细的标题栏（如图 3-51 所示）。

（1）在 插入 菜单中找到 对象 。

（2）选择"插入对象"中的 Microsoft Excel 工作表 。

（3）根据实际情况写入明细。

项目名称	建筑物网络综合布线工程系统图		
类　别	电施	编号	
编　制		时间	2020年3月2日

图 3-51　制作图纸标题栏

完成效果图如图 3-52 所示。

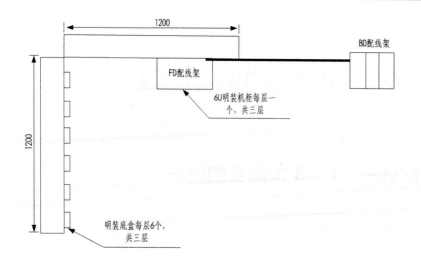

施工说明：
1、BD配线架为1台西元配线实训装置。
2、FD为6U机柜，壁挂式机柜。
3、全部数据信息点插座采用86×86系列，明装底盒。
4、BD向FD机柜安装1根Φ40 PVC冷弯管，使用管卡固定。

项目名称	建筑物网络综合布线工程系统图		
类　别	电施	编号	
编　制		时间	2020年3月2日

图 3-52　完成效果图

第四章　网络布线综合实训

实训一　RJ45 水晶头的制作

一、知识要点

RJ45 插头又称为 RJ45 水晶头（RJ45 Modular Plug），用于数据电缆的端接，实现设备、配线架模块间的连接及变更。它具有防止松动、插拔、自锁等功能。常见的 RJ45 水晶头有 8 个凹槽、8 个镀金二叉芯片，通过压线钳的压制，让触电与网线铜芯充分接触，实现电气连通。

二、实训的目的

（1）掌握双绞线的线序排列与使用范围。
（2）掌握 RJ45 水晶头和网络跳线的制作方法。
（3）掌握网络剥线器与压线钳的使用。

三、实训的步骤

1. RJ45 水晶头的接线标准

RJ45 水晶头在国际上有两种统一的标准接法：TIA/EIA 568A 和 TIA/EIA 568B，如图 4-1 所示。

（1）568A 标准：绿白，绿，橙白，蓝，蓝白，橙，棕白，棕。
（2）568B 标准：橙白，橙，绿白，蓝，蓝白，绿，棕白，棕。

2. 两种 RJ45 水晶头排线顺序

（1）直通线：网线的两端均为 T568B 标准，如图 4-2 所示。

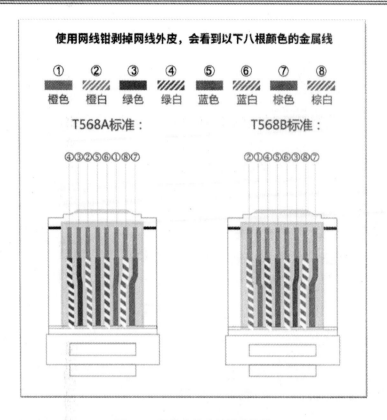

图 4-1　网线水晶头的标准接法

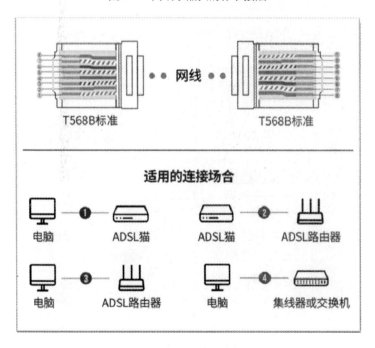

图 4-2　直通线的接法

（2）交叉线：网线的一端为T568A标准，另一端为T568B标准。

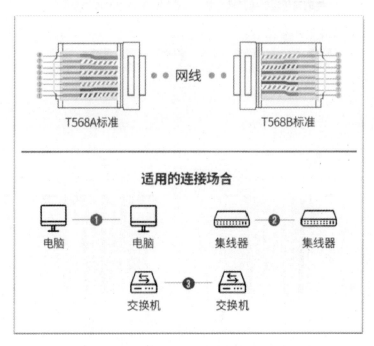

图 4-3　交叉线的接法

3．RJ45 水晶头的制作方法

步骤一：用剥线器将双绞线外绝缘护套剥开合适的长度（20mm）（如图 4-4 所示）。

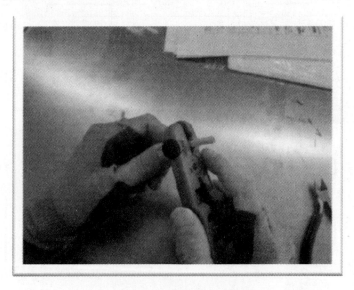

图 4-4　用剥线器剥开双绞线绝缘护套

步骤二：使用斜口钳将撕拉线剪掉（如图 4-5 所示）。

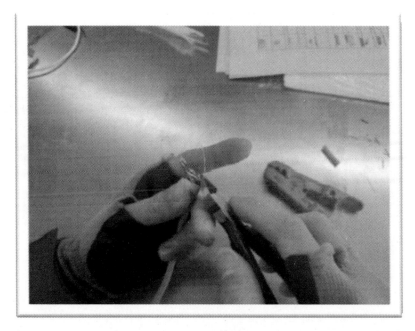

图 4-5　用斜口钳剪掉撕拉线

步骤三：用大拇指指甲和食指的肉夹住线顺时针扭转将线分开（如图 4-6 所示）。

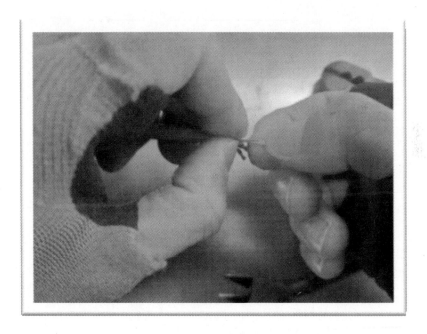

图 4-6　将线分开

步骤四：按照 T568B 线序先把白橙分开（如图 4-7 所示）。

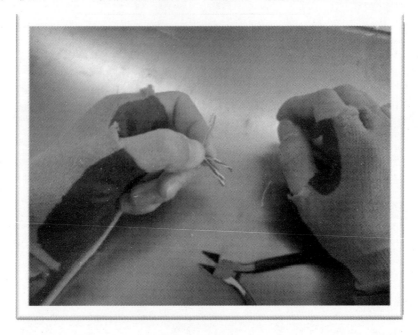

图 4-7　把白橙分开

步骤五：按照 T568B 线序再把白蓝分开（如图 4-8 所示）。

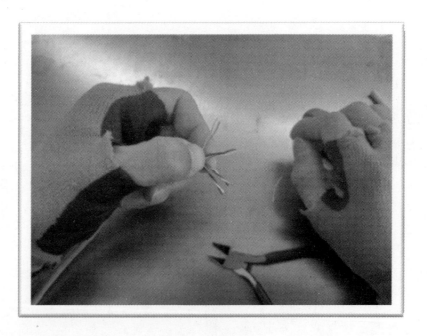

图 4-8　把白蓝分开

步骤六：按照 T568B 线序再把白绿分开（如图 4-9 所示）。

图 4-9 把白绿分开

步骤七：按照 T568B 线序先把白橙、橙、白绿、蓝、白蓝、绿、白棕、棕依次排开（如图 4-10 所示）。

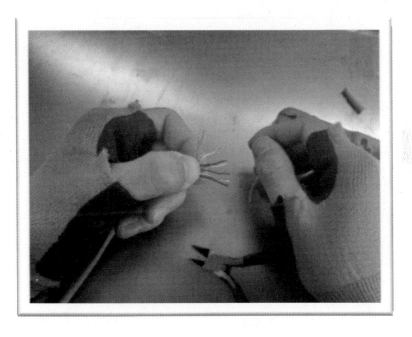

图 4-10 按线序依次排开

步骤八：把排好的线拉直在一起（如图 4-11 所示）。

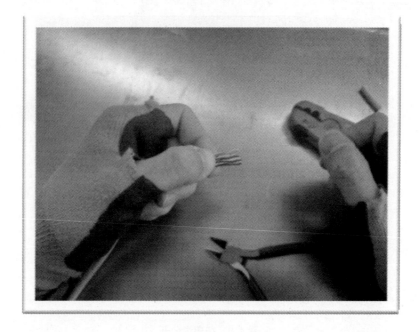

图 4-11　把线拉直在一起

步骤九：将整理好的线剪去多余的线头，保留 13mm（如图 4-12 所示）。

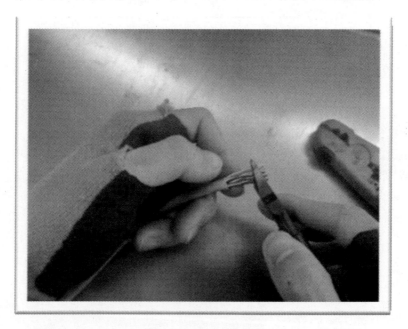

图 4-12　剪去多余的线头

步骤十：将网线插入 RJ-45 水晶头，检查线序且水晶头正面方向对准自己（如图 4-13 所示）。

图 4-13　将网线插入 RJ-45 水晶头

步骤十一：将水晶头放入压线钳，一次用力压紧（如图 4-14 所示）。

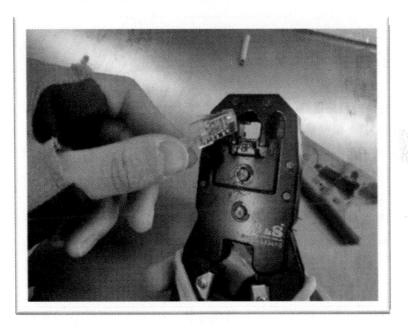

图 4-14　将水晶头放入压线钳压紧

步骤十二：观察网线是否已经顶到水晶头顶部，胶皮压点是否压紧护套（如图 4-15 所示）。

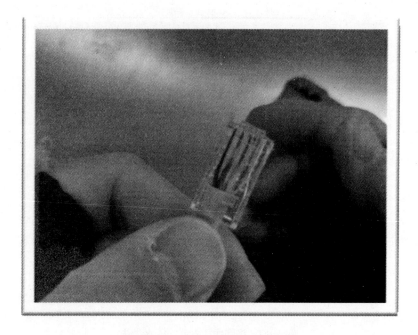

图 4-15　观察水晶头是否制作成功

四、实训的评价与测试

制作一根完整的网络跳线：

（1）实训工具：剥线器、斜口钳、压线钳。

（2）实训设备：测线仪。

（3）实训材料：超五类非屏蔽双绞线。

（4）实训过程：如图 4-4～图 4-15 所示。

（5）实训质量要求与评分表。质量要求：开剥完好，撕拉线清除，线序正确，水晶头方向正确，水晶头压紧，压接工艺，制作工艺。

评分表见表 4-1。

表 4-1　RJ45 水晶头制作实训评分表

评分项目	评分细则	评分等级	得分
开剥完好	剥线前调整刀口深度，避免割伤线缆	0～10	
撕拉线清除	剥开后清除多余的撕拉线	0～10	

续表

评分项目	评分细则	评分等级	得分
线序正确	将铜芯按照模块 T568B 排序	0～30	
水晶头方向正确	将水晶头金手指方向对着自己	0～10	
水晶头压紧	将水晶头压紧，且金手指平整	0～10	
压接工艺	铜芯需到水晶头顶部，压紧护套	0～10	
制作工艺	对 RJ45 水晶头制作整体评价	0～10	
测试结果	使用测线仪对制作好的网络跳线进行测试	0～10	

实训二　超五类非屏蔽模块的制作（免打式）

一、知识要点

（1）网络信息模块是水平布线的接入点，为用户提供网络接口。网络信息模块是应用在网络面板或者网络配线架上的。

（2）免打线模块的打线方式就比较方便，不需要使用打线刀，只要理好网线线芯，按照 T568A/T568B 线序进行理线即可。

二、实训的目的

（1）掌握各品牌免打网络信息模块的线序标识。

（2）掌握免打信息模块的制作方法。

（3）掌握斜口钳与鱼嘴钳的使用方法。

三、实训的步骤

步骤一：用剥线器剥除网线外绝缘护套约 40mm（如图 4-16 所示）。

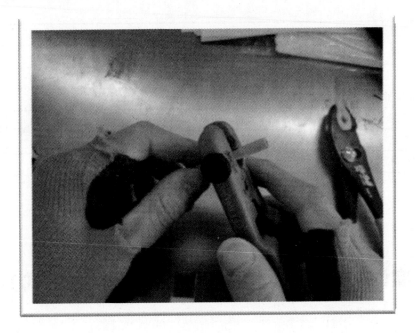

图 4-16　用剥线器剥除网线外绝缘护套

步骤二：使用斜口钳将撕拉线剪掉（如图 4-17 所示）。

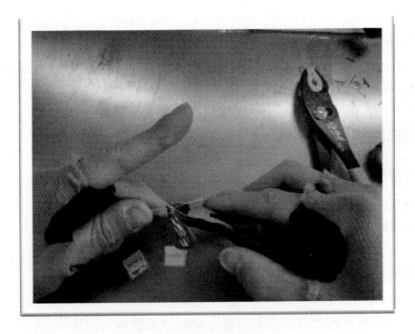

图 4-17　用斜口钳剪掉撕拉线

步骤三：仔细观察模块的线序标识（如图 4-18 所示）。

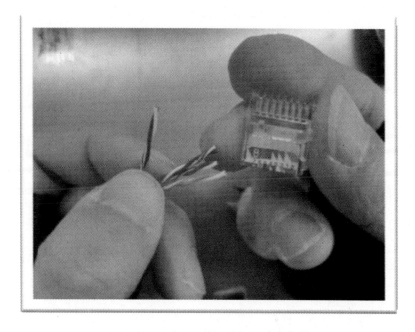

图 4-18 观察模块的线序标识

步骤四：将线芯按照模块 T568B 排序并拢直（如图 4-19 所示）。

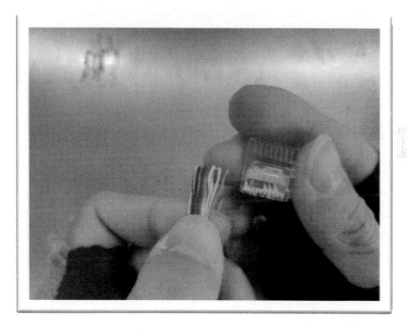

图 4-19 将线芯排序并拢直

步骤五：此类模块需要将线芯斜向剪断，更容易穿过穿线盖（如图4-20所示）。

图 4-20　将线芯斜向剪断

步骤六：将线芯按照穿线盖的色标，穿过穿线盖的圆孔（如图4-21所示）。

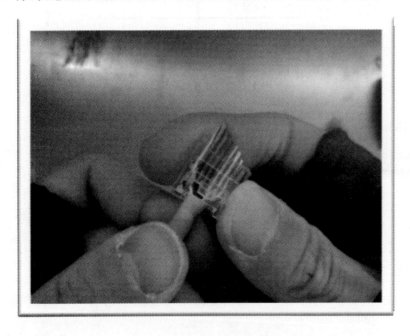

图 4-21　将线芯穿过线盖的圆孔

步骤七：使用斜口钳把多余的线沿穿线盖弯角剪平（如图 4-22 所示）。

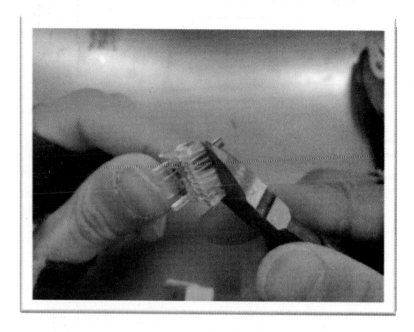

图 4-22　将多余的线剪平

步骤八：将剪好的穿线盖垂直放在模块主体端口处（如图 4-23 所示）。

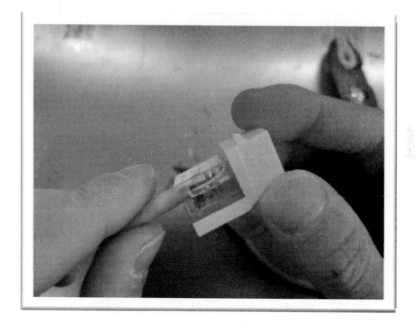

图 4-23　将线放在模块主体端口处

步骤九：用鱼嘴钳把穿线盖压下（如图4-24所示）。

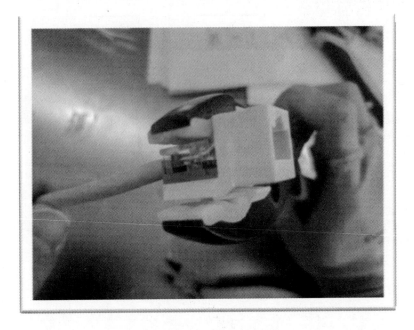

图4-24　把穿线盖压下

步骤十：透明盖和模块主体相接在一起，完成端接（如图4-25所示）。

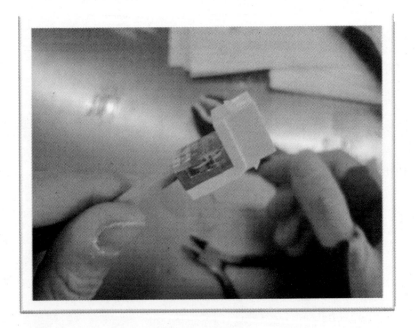

图4-25　完成端接

四、实训的评价与测试

制作完整的超五类非屏蔽模块：

（1）实训工具：剥线器、斜口钳、鱼嘴钳。

（2）实训设备：超五类模块（免打式）。

（3）实训材料：超五类非屏蔽双绞线。

（4）实训过程：如图 4-16～图 4-25 所示。

（5）实训质量要求与评分表。质量要求：开剥完好，撕拉线清除，线序正确，穿线平整，清除多余线缆，压接模块，制作工艺。

评分表见表 4-2。

表 4-2　超五类非屏蔽模块的制作（免打式）实训评分表

评分项目	评分细则	评分等级	得分
开剥完好	剥线前调整刀口深度，避免割伤线缆	0～10	
撕拉线清除	剥开后清除多余的撕拉线	0～10	
线序正确	按照模块所示线序正确端接	0～30	
穿线平整	线缆完整地穿过穿线盖	0～20	
清除多余线缆	使用斜口钳把多余的线沿穿线盖弯角剪平	0～10	
压接模块	透明盖和模块主体相接在一起，没有空隙	0～10	
制作工艺	对超五类非屏蔽模块的制作（免打式）整体评价	0～10	

实训三　超五类非屏蔽模块的制作（打线式）

一、知识要点

打线式网络信息模块制作时需要用到打线刀，对操作要求较高，但接触性能较好。

二、实训的目的

（1）掌握各品牌打线式网络信息模块的线序标识。

（2）掌握打线式网络信息模块的制作方法。

（3）掌握斜口钳与打线刀的使用方法。

三、实训的步骤

步骤一：使用剥线器剥开网线外绝缘护套（如图 4-26 所示）。

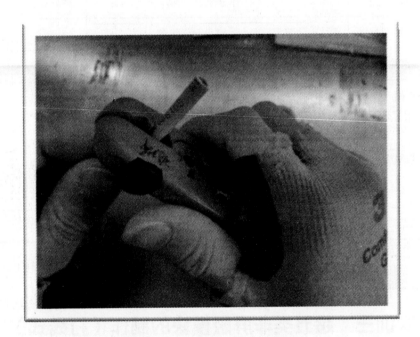

图 4-26　用剥线器剥开网线外绝缘护套

步骤二：使用斜口钳将撕拉线剪掉（如图 4-27 所示）。

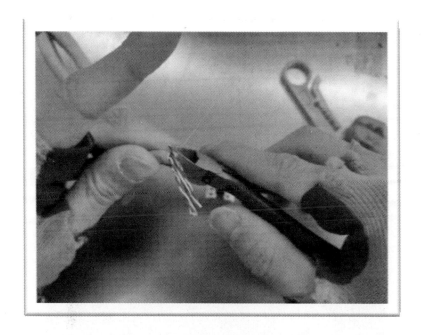

图 4-27　用斜口钳剪掉撕拉线

步骤三：取出模块将线放在模块中间（如图 4-28 所示）。

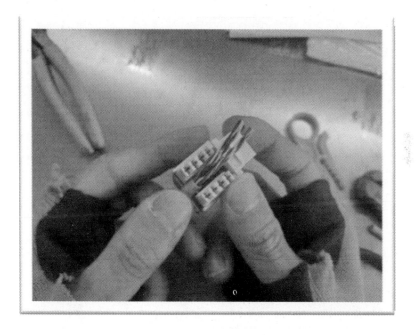

图 4-28　将线放在模块中间

步骤四：仔细观察模块的线序标识，各品牌模块的线序会存在差异（如图 4-29 所示）。

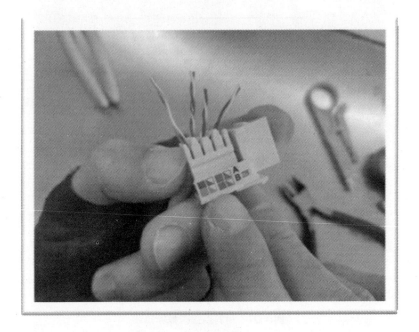

图 4-29　观察模块的线序标识

步骤五：将网线按照 T568B 线序放入塑料线柱中（如图 4-30 所示）。

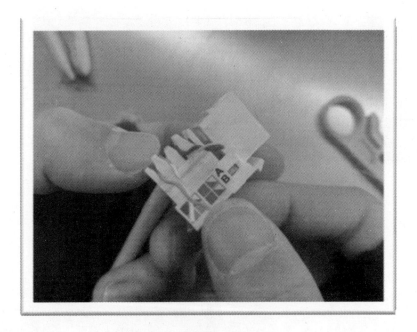

图 4-30　将网线放入塑料线柱中

步骤六：用打线刀将网线压到塑料线柱底部（如图 4-31 所示）。

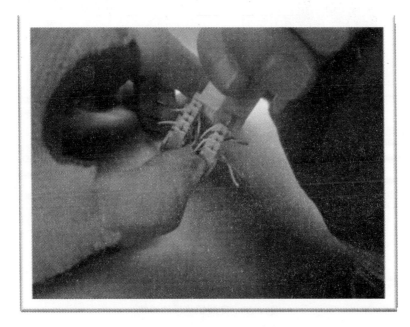

图 4-31　将网线压到塑料线柱底部

步骤七：使用斜口钳将多余的线头剪掉（如图 4-32 所示）。

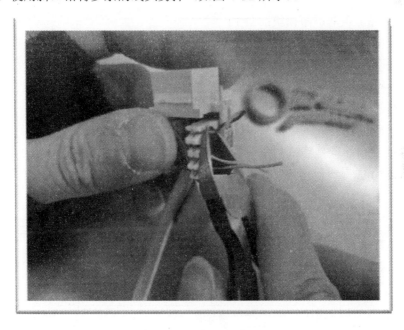

图 4-32　剪掉多余的线头

步骤八：网络模块端接完成（如图 4-33 所示）。

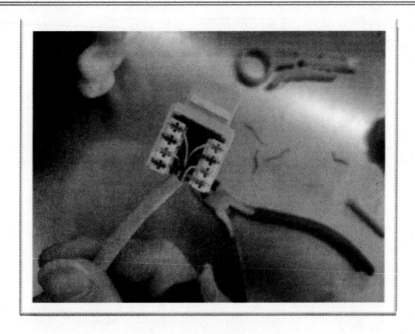

图 4-33　完成网络模块端接

四、实训的评价与测试

制作完整的超五类非屏蔽模块：

（1）实训工具：剥线器、斜口钳、打线刀。

（2）实训设备：超五类非屏蔽模块（打线式）。

（3）实训材料：超五类非屏蔽双绞线。

（4）实训过程：如图 4-26～图 4-33 所示。

（5）实训质量要求与评分表。质量要求：开剥完好，撕拉线清除，线缆居中，线序正确，压接到位，去除多余线缆，制作工艺。

评分表见表 4-3。

表 4-3　超五类非屏蔽模块的制作（打线式）实训评分表

评分项目	评分细则	评分等级	得分
开剥完好	剥线前调整刀口深度，避免割伤线缆	0～10	
撕拉线清除	剥开后清除多余的撕拉线	0～10	
线缆居中	端接后线缆在模块的中间	0～10	
线序正确	按照模块所示线序正确端接	0～30	
压接到位	线缆卡进塑料柱后使用打线刀压到底部	0～20	
去除多余线缆	压接完成后去除多余线缆	0～10	
制作工艺	对超五类模块的制作（打线式）整体评价	0～10	

实训四　超六类屏蔽模块的制作

一、知识要点

超六类屏蔽模块拥有很高的网络传输速率，合金的封闭外壳，不生锈，能够屏蔽电磁干扰。

二、实训的目的

（1）掌握超六类屏蔽信息模块的线序标识。

（2）掌握超六类屏蔽网线的处理方法和模块的制作方法。

（3）掌握斜口钳与鱼嘴钳的使用方法。

三、实训的步骤

步骤一：使用剥线器剥开网线外绝缘护套，注意刀口深度，不能伤到里面的钢丝（如图 4-34 所示）。

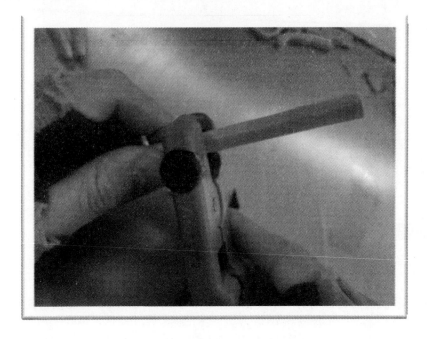

图 4-34 用剥线器剥开网线外绝缘护套

步骤二：剥除后整理屏蔽网、屏蔽铝箔层和棉线（如图 4-35 所示）。

图 4-35 整理屏蔽网、屏蔽铝箔层和棉线

步骤三：先剪断一侧编织网屏蔽层（如图 4-36 所示）。

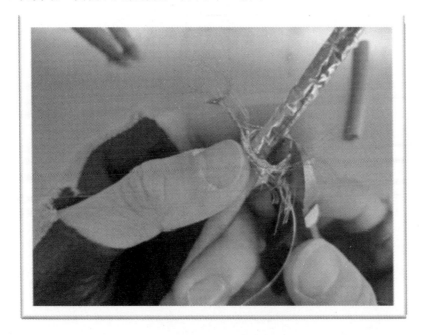

图 4-36　剪断一侧编织网屏蔽层

步骤四：再剪断另一侧编织网屏蔽层（如图 4-37 所示）。

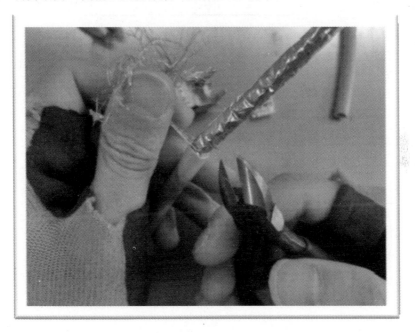

图 4-37　剪断另一侧编织网屏蔽层

步骤五：保留钢丝，将铝箔屏蔽层剥开（如图 4-38 所示）。

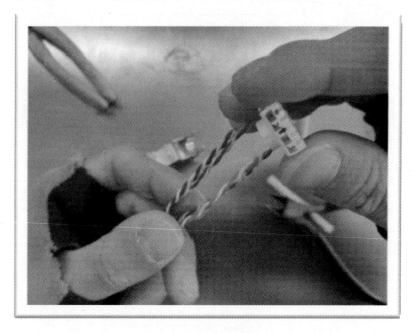

图 4-38 将铝箔屏蔽层剥开

步骤六：剪除中心十字龙骨（如图 4-39 所示）。

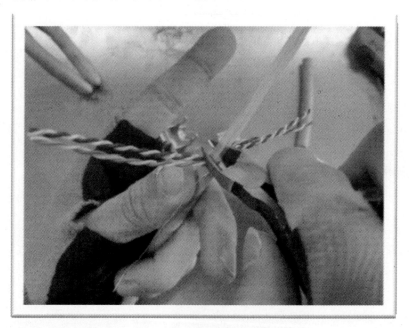

图 4-39 剪除中心十字龙骨

步骤七：将 4 对线芯按照线序色标穿入理线器中（如图 4-40 所示）。

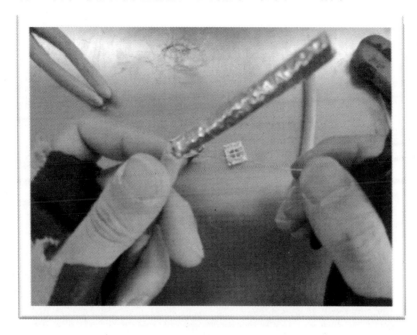

图 4-40　将线芯穿入理线器中

步骤八：将 4 对线芯完整地穿进模块端盖（如图 4-41 所示）。

图 4-41　将线芯穿进模块端盖

步骤九：按住网线的末端，通过力的作用，旋转网线前端，将绞对在一起的网线快速分开（如图 4-42 所示）。

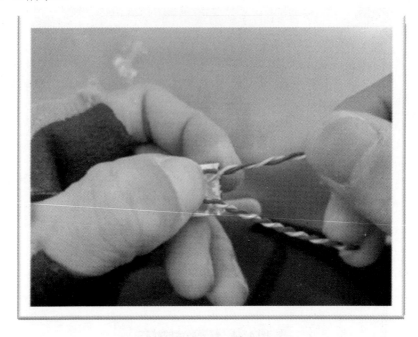

图 4-42　将绞对在一起的网线快速分开

步骤十：将网线按照线序整理卡进模块端盖（如图 4-43 所示）。

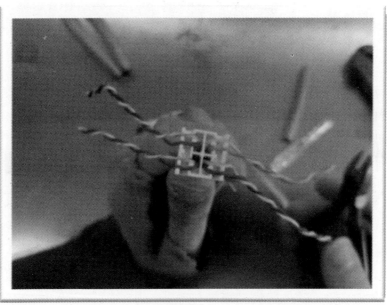

图 4-43　将线芯卡进模块端盖

步骤十一：使用斜口钳将多余的线芯剪断（如图 4-44 所示）。

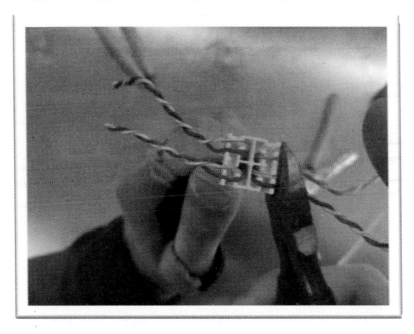

图 4-44　剪去多余的线芯

步骤十二：将端盖连接模块主体屏蔽壳，注意沿着边缘剪齐（如图 4-45 所示）。

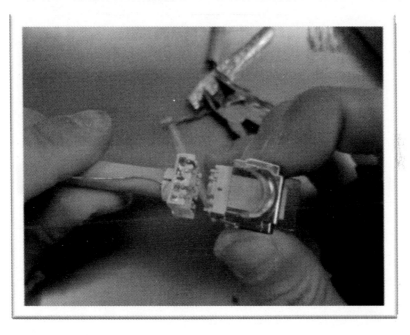

图 4-45　将端盖连接模块主体屏蔽壳

步骤十三：合上屏蔽壳并使用鱼嘴钳压接牢固（如图 4-46 所示）。

图 4-46 使用鱼嘴钳压接牢固

步骤十四：将保留的钢丝从屏蔽铁壳缺口处绕出，并绕屏蔽铁壳一圈（如图 4-47 所示）。

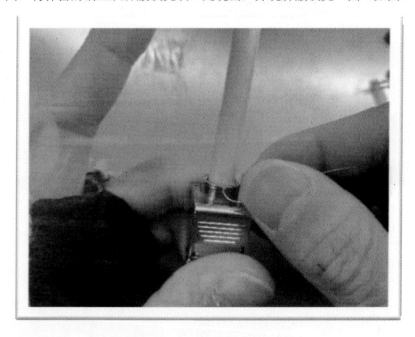

图 4-47 将钢丝绕屏蔽铁壳一圈

步骤十五：使用扎带将屏蔽铁壳扎紧固定（如图 4-48 所示）。

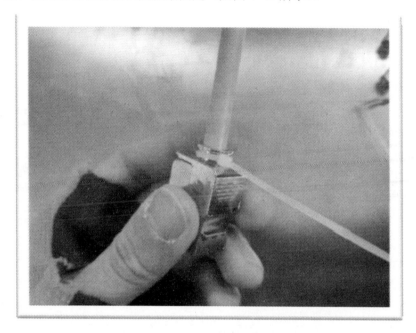

图 4-48 用扎带将屏蔽铁壳扎紧固定

步骤十六：剪除扎带，端接完成，并将钢丝一起固定（如图 4-49 所示）。

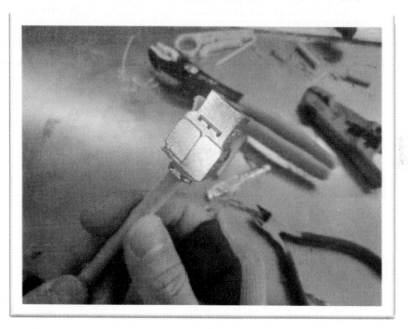

图 4-49 完成端接

四、实训的评价与测试

制作完整的超六类模块：

（1）实训工具：剥线器、斜口钳。

（2）实训设备：超六类屏蔽模块。

（3）实训材料：超六类屏蔽双绞线、小扎带。

（4）实训过程：如图4-34～图4-49所示。

（5）实训质量要求与评分表。质量要求：开剥干净，钢丝保留完整，线缆末端无露出，线序正确，端接平整，模块压接牢固，钢丝接触模块，制作工艺。

评分表见表4-4。

表4-4　超六类模块的制作实训评分表

评分项目	评分细则	评分等级	得分
开剥干净	无多余屏蔽网、屏蔽铝箔层和棉线残留	0～10	
钢丝保留完整	未剪断钢丝，且保留完整	0～10	
线缆末端无露出	将网线按照线序整理卡进模块端盖	0～15	
线序正确	按照模块所示线序端接模块	0～25	
端接平整	端接时线缆没有交叉、折叠	0～10	
模块压接牢固	模块压接牢固，没有空隙	0～10	
钢丝接触模块	钢丝从屏蔽铁壳缺口处绕出，并绕屏蔽铁壳一圈	0～10	
制作工艺	对超六类模块的制作整体评价	0～10	

实训五　25口语音配线架的端接

一、知识要点

25口语音配线架需符合语音布线系统工程标准，前端可直接使用成品跳线（RJ45或RJ11），后端需要使用打线刀将大对数线缆打入IDC打线端子，配线架自带托盘式理线环，便于线缆捆扎固定，并采用纯铜底线，具有防雷抗干扰的作用，保证语音数据的良好传输。

二、实训的目的

（1）掌握 25 对大对数线缆的线序排列。

（2）掌握 25 对大对数线缆的开缆和语音配线架的制作方法。

（3）掌握 KD 打线刀与小扎带的使用方法。

三、实训的步骤

步骤一：使用剥线器根据所需的线缆剥除长度剥开外皮（如图 4-50 所示）。

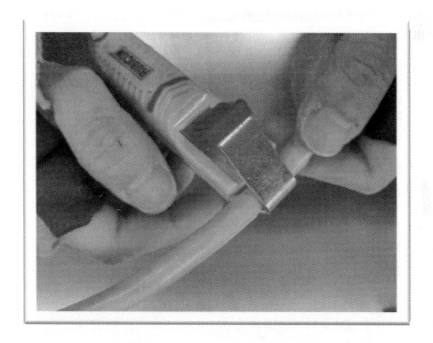

图 4-50　用剥线器剥开线缆外皮

步骤二：在前端剥去一段线缆外护皮（如图 4-51 所示）。

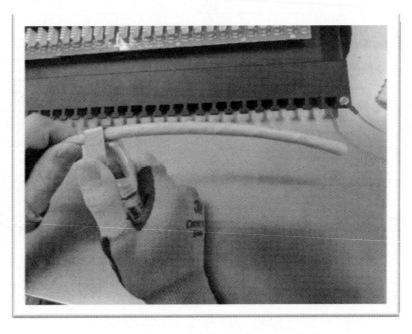

图 4-51　前端剥去一段线缆外护皮

步骤三：剥开前端小段外护皮后可以看到有一根撕拉线（如图 4-52 所示）。

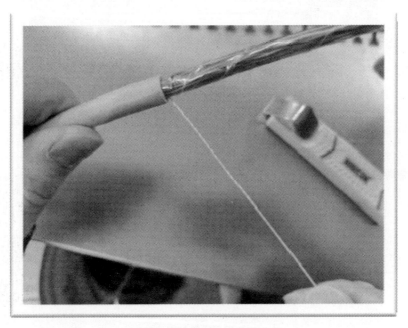

图 4-52　看到一根撕拉线

步骤四：握住撕拉线将外护皮剥至尾端剥线处（如图 4-53 所示）。

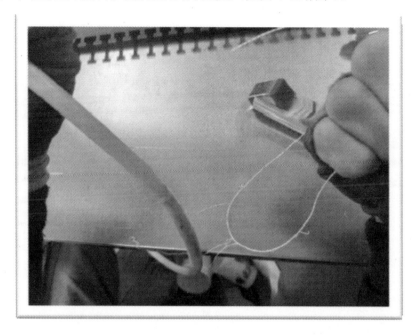

图 4-53　将外护皮剥至尾端

步骤五：使用斜口钳将撕拉线剪掉（如图 4-54 所示）。

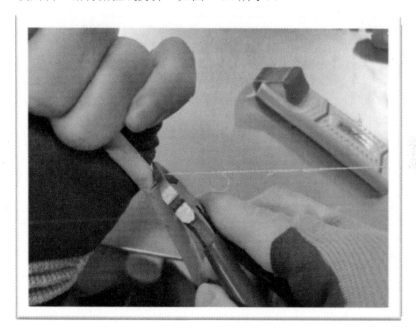

图 4-54　剪掉撕拉线

步骤六：从前端将线缆外护皮完整剥开（如图 4-55 所示）。

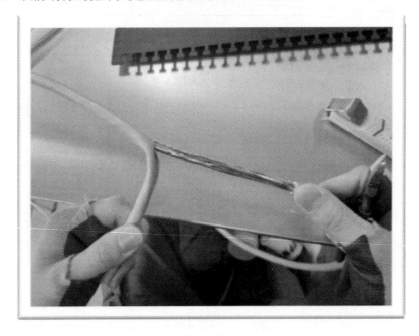

图 4-55　将线缆外护皮完整剥开

步骤七：使用剥线器去除包裹线缆的塑料层（如图 4-56 所示）。

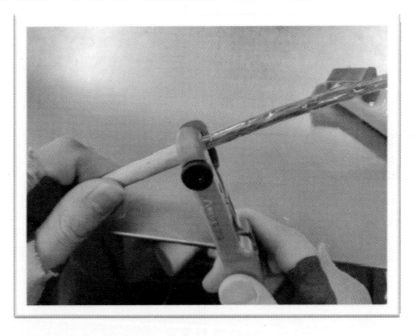

图 4-56　去除包裹线缆的塑料层

步骤八：使用扎带将线缆固定在配线架边部固定柱上（如图 4-57 所示）。

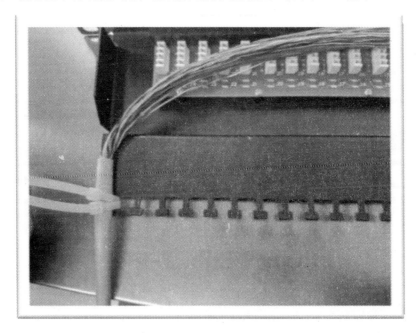

图 4-57　用扎带将线缆固定在固定柱上

步骤九：预留出两圈余长，盘圈整理，其余线缆用小扎带固定在配线架上（如图 4-58 所示）。

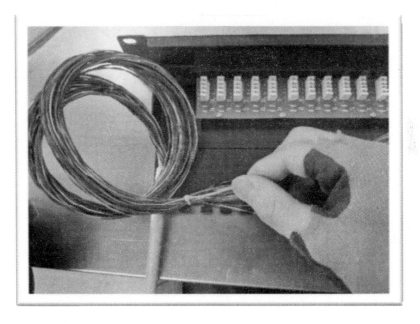

图 4-58　预留出两圈余长，盘圈整理

步骤十：两圈余长用魔术贴固定（不可直接用扎带捆绑）（如图 4-59 所示）。

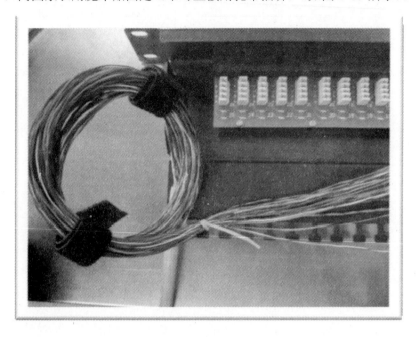

图 4-59 用魔术贴固定

步骤十一：将 25 对线缆用小扎带分别扎在每一个固定柱上，线序从右到左分别是主色（白红黑黄紫）和辅色（蓝橙绿棕灰）（如图 4-60 所示）。

图 4-60 将 25 对线缆扎在固定柱上

步骤十二：将线对卡入 IDC 打线端子（按实际要求，选择主色和辅色位置）（如图 4-61 所示）。

图 4-61　将线对卡入 IDC 打线端子

步骤十三：使用 KD 型打线刀将线芯压进 IDC 端子，剪除多余线芯（如图 4-62 所示）。

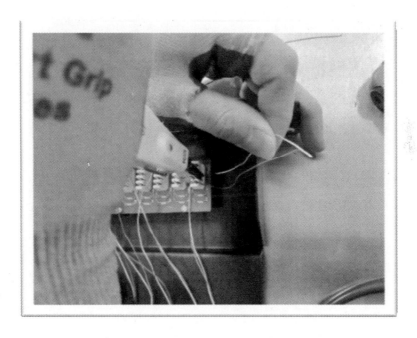

图 4-62　将线芯压进 IDC 端子并剪除多余线芯

步骤十四：1 号口白蓝线对完成（如图 4-63 所示）。

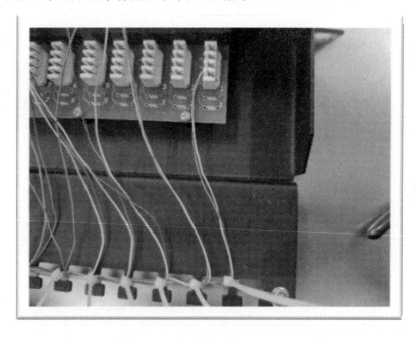

图 4-63　完成 1 号口白蓝线对

步骤十五：用相同的方法将 25 对线芯制作完成（如图 4-64 所示）。

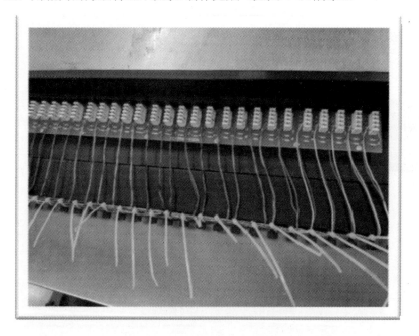

图 4-64　将 25 对线芯制作完成

步骤十六：剪除多余扎带，保证扎带整齐，不留刺头，完成 25 口语音配线架的制作（如图 4-65 所示）。

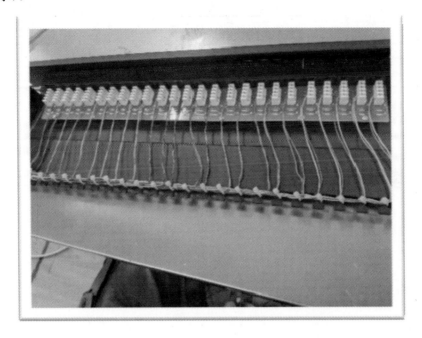

图 4-65 完成 25 口语音配线架的制作

四、实训的评价与测试

25 口语音配线架的端接：

（1）实训工具：剥线器、斜口钳、KD 型打线刀。

（2）实训设备：语音配线架。

（3）实训材料：25 对大对数线缆、大扎带、小扎带、魔术贴。

（4）实训过程：如图 4-50～图 4-65 所示。

（5）实训质量要求与评分表。质量要求：端接正确，线缆布局合理，扎带断面平整，无垃圾残留，魔术贴捆扎到位。

评分表见表 4-5。

表 4-5 语音配线架的端接（大对数）实训评分表

评分项目	评分细则	评分等级	得分
线缆固定	使用两根扎带进行线缆固定	0～10	
线缆预留	线缆预留两圈，并且用魔术贴捆扎	0～10	
扎带捆扎	每根线缆单独捆扎在固定口上，不得空余	0～20	

评分项目	评分细则	评分等级	得分
端接线缆	每根线要打进 IDC 端子，主辅色对应	0～30	
扎带管理	所有扎带剪掉多余部分，断面平整	0～10	
场地卫生	垃圾不掉地，配线架无残留垃圾	0～10	
制作工艺	对语音配线架端接工艺整体评价	0～10	

实训六　110 配线架的制作（大对数线缆）

一、知识要点

110 配线架现在主要用于电话系统配线，俗称鱼骨架。它适用于设备间的水平布线或设备端接，集中点的互配端接，在工作区用于多用户通信插座。可用带有彩色的连接块将大对数线缆连接。

二、实训的目的

（1）掌握 25 对大对数线缆的线序排列。
（2）掌握 110 语音配线架的制作方法。
（3）掌握扎带与打线钳的使用方法。

三、实训的步骤

步骤一：将 110 语音配线架固定在机柜上（如图 4-66 所示）。

图 4-66　将 110 语音配线架固定在机柜上

步骤二：将大对数线缆从配线架第一孔穿入（如图 4-67 所示）。

图 4-67　将大对数线缆从配线架第一孔穿入

步骤三：使用剥线器在远端位置旋转剥开橡胶护套（如图 4-68 所示）。

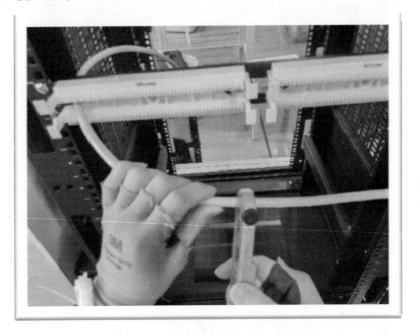

图 4-68　用剥线器在远端剥开橡胶护套

步骤四：使用剥线器在近端剥开一小段橡胶护套，手握住撕拉线（如图 4-69 所示）。

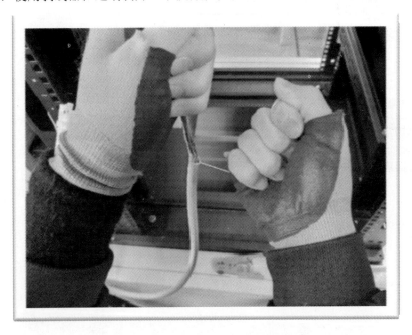

图 4-69　用剥线器在近端剥开橡胶护套

步骤五：将撕拉线直接拉至远端位置（如图 4-70 所示）。

图 4-70　将撕拉线拉至远端

步骤六：使用斜口钳剪掉撕拉线（如图 4-71 所示）。

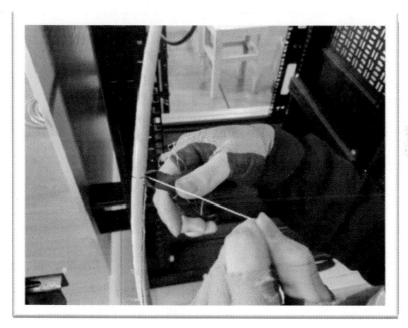

图 4-71　用斜口钳剪掉撕拉线

步骤七：取出开剥好的橡胶护套（如图 4-72 所示）。

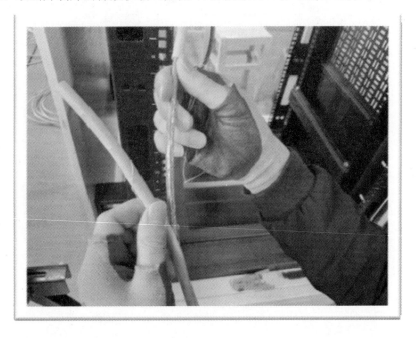

图 4-72　取出橡胶护套

步骤八：使用剥线器去除包裹线缆的塑料层（如图 4-73 所示）。

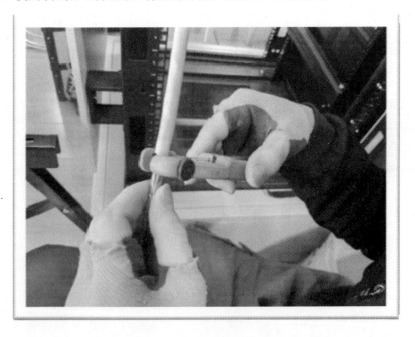

图 4-73　用剥线器去除塑料层

步骤九：使用扎带将线缆固定在配线架的侧边（如图 4-74 所示）。

图 4-74 用扎带将线缆固定在配线架侧边

步骤十：预留的余长使用魔术贴捆扎固定，预留两圈余长以便于日后维护（如图 4-75 所示）。

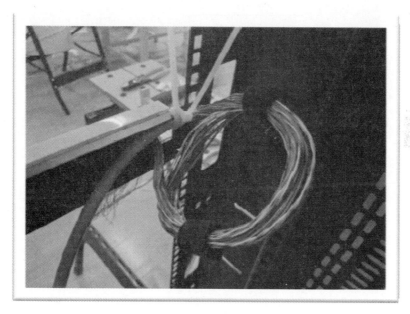

图 4-75 使用魔术贴捆扎固定

步骤十一：将大对数线芯分别卡在配线架上（如图 4-76 所示）。

图 4-76　将大对数线芯卡在配线架上

步骤十二：按标准色序、顺序完成固定。固定口上，按照标准线序从左到右为主色（白红黑黄紫）和辅色（蓝橙绿棕灰）（如图 4-77 所示）。

图 4-77　按色序、顺序完成固定

步骤十三：使用打线钳去除多余的线芯（如图 4-78 所示）。

图 4-78　用打线钳去除多余的线芯

步骤十四：线芯要求整齐、平整（如图 4-79 所示）。

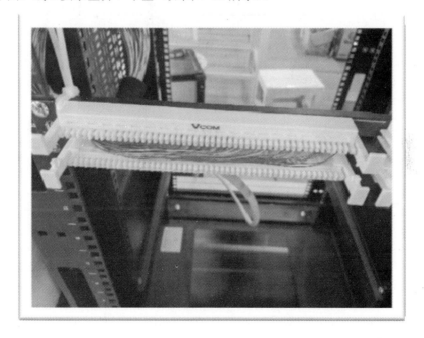

图 4-79　线芯要求整齐、平整

步骤十五：将语音端子放入打线钳中（如图4-80所示）。

图4-80　将语音端子放入打线钳中

步骤十六：语音端子黑色面朝向配线架内侧，垂直压入槽内（如图4-81所示）。

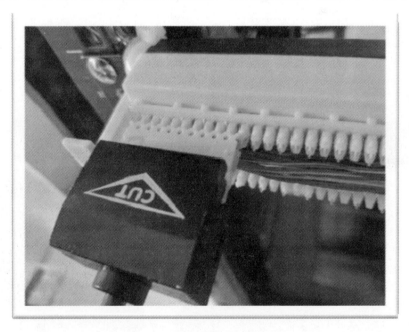

图4-81　将语音端子压入槽内

步骤十七：将语音端子全部安装到配线架上，并对各组端口进行标识，完成端接（如图4-82所示）。

图 4-82　完成语音端子的安装、标识、端接

四、实训的评价与测试

110 语音配线架的端接：

（1）实训工具：剥线器、斜口钳、打线钳。

（2）实训设备：110 配线架。

（3）实训材料：25 对大对数线缆、大扎带、魔术贴。

（4）实训过程：如图 4-66～图 4-82 所示。

（5）实训质量要求与评分表。质量要求：压接正确，线缆布局合理，扎带断面平整，无垃圾残留，魔术贴捆扎到位。

评分表见表 4-6。

表 4-6　110 配线架的端接（大对数）实训评分表

评分项目	评分细则	评分等级	得分
线缆固定	使用两根扎带进行线缆固定	0～10	
线缆预留	线缆预留两圈，并且用魔术贴捆扎	0～10	
线缆管理	每根线缆应卡入配线架对应位置	0～30	

续表

评分项目	评分细则	评分等级	得分
压接线缆	每个语音端子应压入配线架，颜色对应	0～20	
扎带管理	所有扎带剪掉多余部分，断面平整	0～10	
场地卫生	垃圾不掉地，配线架无残留垃圾	0～10	
制作工艺	对110配线架端接工艺整体评价	0～10	

实训七　室外光缆的开缆

一、知识要点

（1）室外光缆就是用于室外的光缆，它持久耐用，能经受住风吹日晒、天寒地冻等各种环境变化，外包装厚，具有耐压、耐腐蚀、抗拉等机械特性、环境特性。

（2）室外光缆开缆时需要有专业的开缆工具，并注意长度以及开缆的深度，避免割伤纤芯，否则会造成不必要的损失。

二、实训的目的

（1）熟练使用各种开缆工具。

（2）掌握光纤开缆刀的使用方法。

（3）掌握光缆开缆后的清洁方法。

三、实训的步骤

步骤一：需要准备的工具包括纸巾、钢丝钳、开缆刀、剪刀、酒精、扎带、面粉、一次性手套、粘扣、垃圾桶（如图4-83所示）。

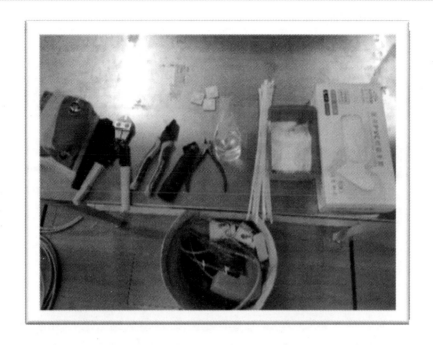

图 4-83　准备开缆工具

步骤二：将粘扣整齐地粘在桌子上（如图 4-84 所示）。

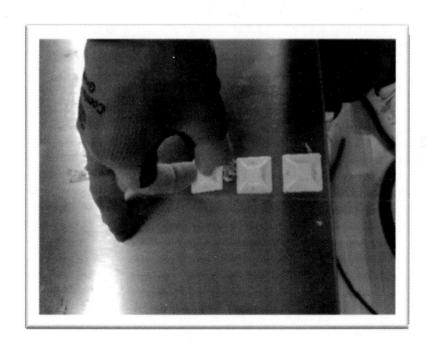

图 4-84　将粘扣粘在桌子上

步骤三：用扎带和粘扣固定光缆（如图 4-85 所示）。

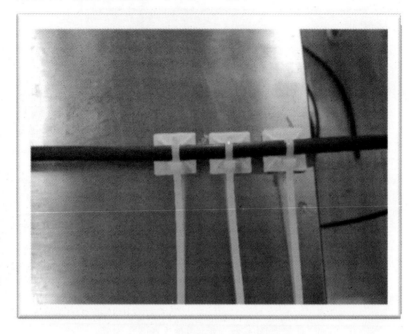

图 4-85 用扎带和粘扣固定光缆

步骤四：测量好开缆所需的长度（如图 4-86 所示）。

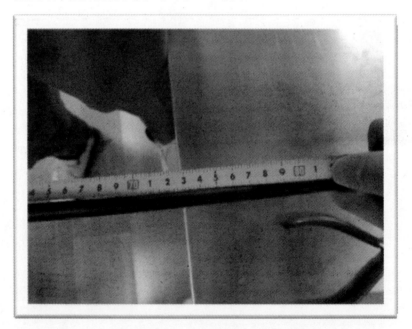

图 4-86 测量开缆所需长度

步骤五：使用开缆刀开缆（如图 4-87 所示）。

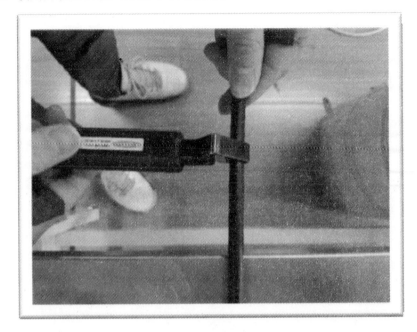

图 4-87　使用开缆刀开缆

步骤六：将开好的光缆外护套抽出（如图 4-88 所示）。

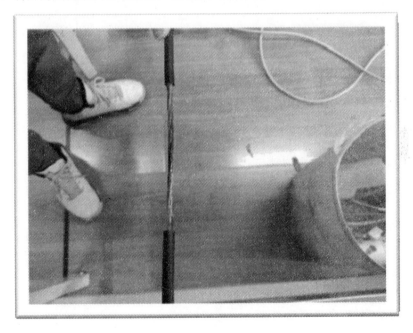

图 4-88　将光缆外护套抽出

步骤七：用纸巾擦拭一遍油渍（如图 4-89 所示）。

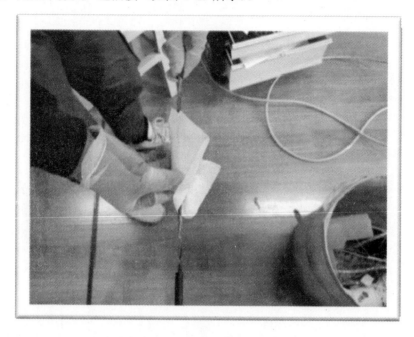

图 4-89　用纸巾擦拭油渍

步骤八：将缠绕光缆的无纺布剪断（如图 4-90 所示）。

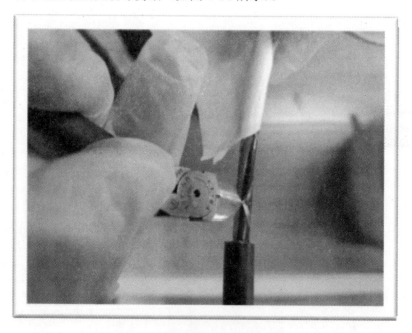

图 4-90　剪断缠绕光缆的无纺布

步骤九：将套管填充物剪断（如图 4-91 所示）。

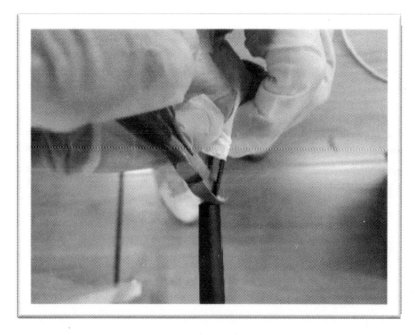

图 4-91　剪断套管填充物

步骤十：将钢丝剪断，保留一定的长度作为固定使用（如图 4-92 所示）。

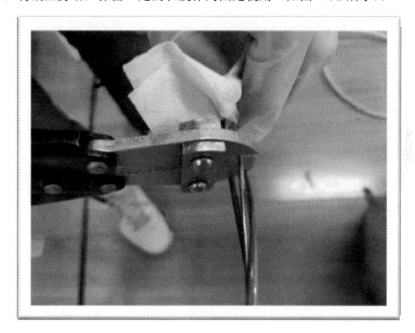

图 4-92　剪断钢丝

步骤十一：使用米勒钳第一口剪开光纤松套管（米勒钳分三口）（如图 4-93 所示）。

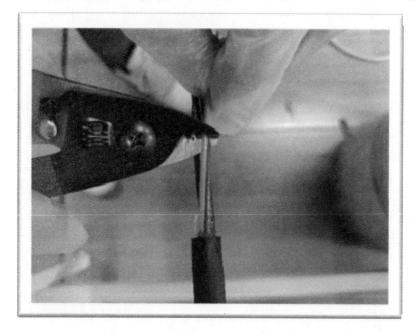

图 4-93　用米勒钳第一口剪开光纤松套管

步骤十二：将剪开的松套管取出（如图 4-94 所示）。

图 4-94　取出松套管

步骤十三：将光纤裸纤放在垃圾桶里，或者放在地布上（不可触地）（如图 4-95 所示）。

图 4-95　将裸纤放在垃圾桶里

步骤十四：将取出的橡胶外护套卷起放到垃圾桶里（如图 4-96 所示）。

图 4-96　将橡胶外护套放在垃圾桶里

步骤十五：使用干纸巾擦拭光纤去除油脂（如图 4-97 所示）。

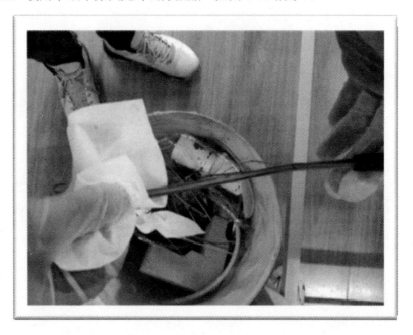

图 4-97　用干纸巾擦拭光纤

步骤十六：将面粉放在纸巾上均匀裹在光纤上去除润滑油脂（如图 4-98 所示）。

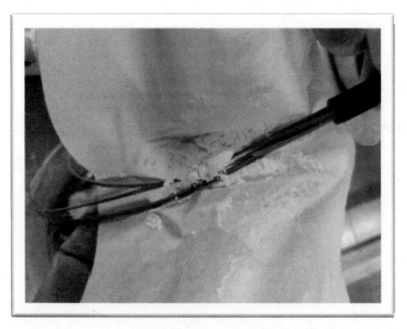

图 4-98　用面粉去除润滑油脂

步骤十七：使用面粉吸附油脂后的裸纤参照（如图 4-99 所示）。

图 4-99　吸附油脂后的裸纤

步骤十八：使用干纸巾将面粉擦拭干净（如图 4-100 所示）。

图 4-100　用干纸巾将面粉擦拭干净

步骤十九：使用酒精喷洒纸巾及裸纤，将面粉和油脂擦拭干净（如图4-101所示）。

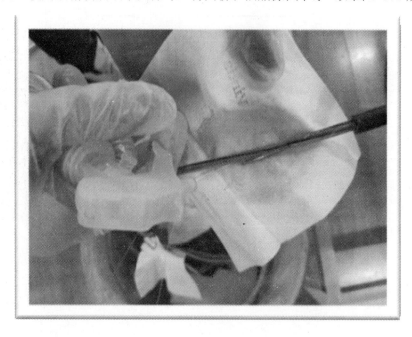

图 4-101　用酒精喷洒纸巾和裸纤并擦拭

步骤二十：使用干纸巾将酒精擦拭干净（如图4-102所示）。

图 4-102　用干纸巾擦拭

步骤二十一：室外光缆开缆完成（如图 4-103 所示）。

图 4-103　完成室外光缆开缆

四、实训的评价与测试

室外光缆的开缆：

实训工具：钢丝钳、开缆刀、剪刀、扎带、垃圾桶、手套、粘扣。

（1）实训设备：48 芯室外光缆。

（2）实训材料：纸巾、酒精、面粉。

（3）实训过程：如图 4-83～图 4-103 所示。

（4）实训质量要求与评分表。质量要求：开缆长度合适，开剥干净，钢丝预留长度合适，光纤不触地，光纤无油脂，场地保持卫生。

评分表见表 4-7。

表 4-7　熔接室外光纤实训评分表

评分项目	评分细则	评分等级	得分
开缆长度	按要求开缆的长度准确地进行开缆	0～10	
开剥干净	光缆开剥后无多余的物体残留（如塑料）	0～20	
钢丝长度预留合适	钢丝剪断后，保留合适的余长	0～5	
光纤不触碰地板	光纤开剥及熔接过程中不接触地板	0～5	

评分项目	评分细则	评分等级	得分
光纤无油渍残留	光纤开剥完成后干净，且没有油脂残留	0～30	
场地卫生	光纤开剥及熔接过程中场地保持卫生	0～10	
开缆工艺	开缆后整体工艺评价	0～20	

实训八　熔接室外光纤

一、知识要点

（1）光纤熔接也称光缆熔接，是通过光纤熔接机将光纤和光纤或光纤和尾纤连接，把光缆中的裸纤和光纤尾纤熔合在一起变成一个整体。光纤熔接是一个烦琐的过程，开缆、固定、光纤的剥覆、清洁、切割、熔接、盘纤等，要求操作者仔细观察、周密考虑、规范操作。

（2）光纤熔接是一个熟能生巧的工作，并不是看别人熔接一次两次就能掌握的，需要经过专业的培训才能更快速、更准确、高质量地完成。

二、实训的目的

（1）熟练使用各种熔接工具。
（2）掌握米勒钳的使用方法。
（3）掌握切割刀的使用方法。
（4）掌握熔接机的使用方法。

三、实训的步骤

步骤一：熔接前准备的工具包括熔接机、切割刀、米勒钳、热缩管、无尘纸、尾纤（如图 4-104 所示）。

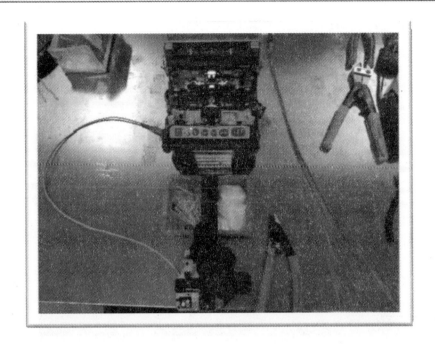

图 4-104　准备熔接工具

步骤二：取出需要熔接的裸纤，用米勒钳第三口剥开，注意角度与力度（如图 4-105 所示）。

图 4-105　用米勒钳第三口剥开裸纤

步骤三：将无尘纸用酒精浸湿（如图 4-106 所示）。

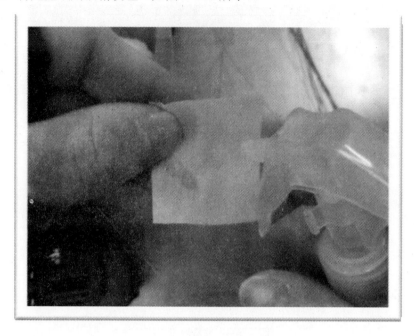

图 4-106　用酒精浸湿无尘纸

步骤四：使用沾有酒精的无尘纸擦拭剥好的裸纤，擦拭三遍（如图 4-107 所示）。

图 4-107　用无尘纸擦拭裸纤

步骤五：将擦拭好的裸纤放在切割刀合适位置进行固定（裸纤开剥处应离刀片 2cm）（如图 4-108 所示）。

图 4-108　将裸纤放在切割刀合适位置固定

步骤六：用切割刀切断过长的纤芯，切割过程中需要保证纤芯端面平整（如图 4-109 所示）。

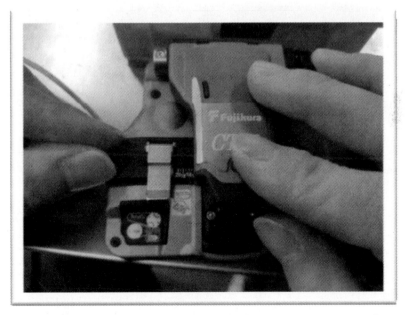

图 4-109　切断过长的纤芯

步骤七：将切割好的裸纤放置在熔接机上进行固定（如图4-110所示）。

图4-110　裸纤在熔接机上固定

步骤八：开剥尾纤，使用米勒钳第一口将尾纤的橡胶护套去除（如图4-111所示）。

图4-111　用米勒钳第一口将尾纤橡胶护套去除

步骤九：将尾纤护套管剥开后，取出凯夫拉线并剪断（如图4-112所示）。

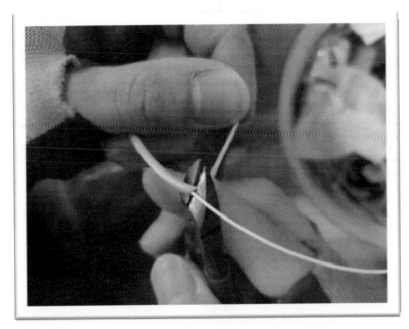

图4-112　剪断凯夫拉线

步骤十：将光纤穿过热缩管（如图4-113所示）。

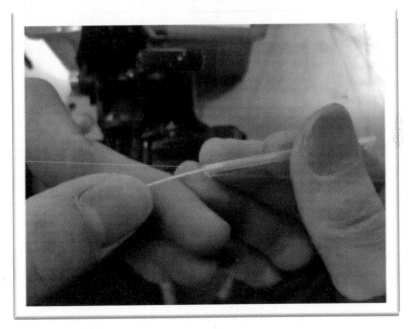

图4-113　将光纤穿过热缩管

步骤十一：使用米勒钳第二口剥开纤芯护套（如图4-114所示）。

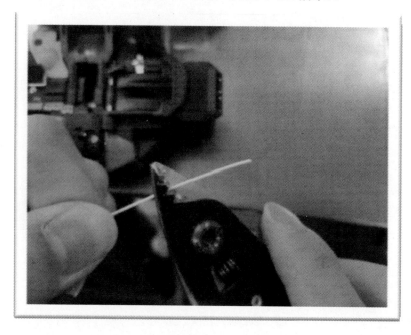

图4-114　用米勒钳第二口剥开纤芯护套

步骤十二：使用米勒钳第三口剥开纤芯保护膜（如图4-115所示）。

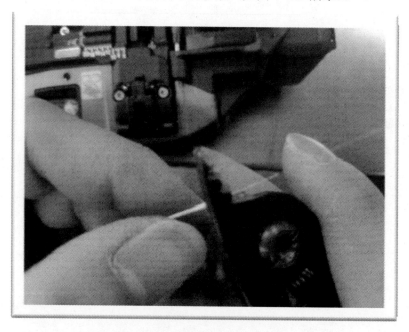

图4-115　用米勒钳第三口剥开纤芯保护膜

步骤十三：将剥好的纤芯用沾有酒精的无尘纸擦拭三遍（如图 4-116 所示）。

图 4-116   用无尘纸擦拭纤芯

步骤十四：将纤芯切割至合适长度，保证纤芯端面平整（如图 4-117 所示）。

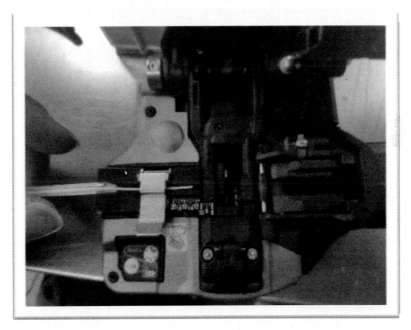

图 4-117   将纤芯切割至合适长度

步骤十五：将切割好的尾纤放在熔接机上（固定前一定要套上热缩管）（如图 4-118 所示）。

图 4-118　将切割好的尾纤放在熔接机上

步骤十六：按下"开始"，熔接机自动熔接光纤（如图 4-119 所示）。

图 4-119　熔接机开始熔接光纤

步骤十七：光纤熔接成功，损耗 0.00dB/km。如损耗超过 0.05dB/km 或出现报警情况，都需要掐断重新熔接（如图 4-120 所示）。

图 4-120　光纤熔接成功

步骤十八：将热缩管移动到熔接点，确保能够完整地保护熔接点（如图 4-121 所示）。

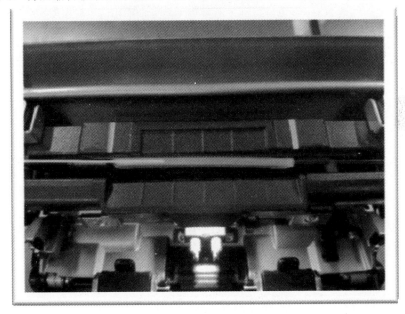

图 4-121　将热缩管移动到熔接点

步骤十九：将居中后的热缩管放入加热槽加热（如图 4-122 所示）。

图 4-122　将热缩管放入加热槽加热

步骤二十：加热好的热缩管，无法移动，放入冷却槽进行冷却（如图 4-123 所示）。

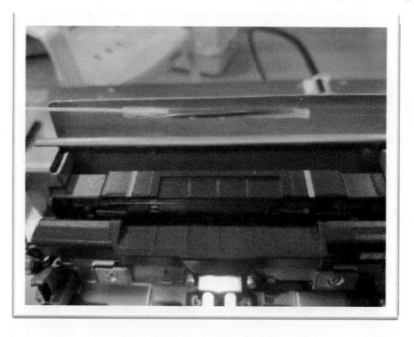

图 4-123　将加热后的热缩管放入冷却槽冷却

步骤二十一：使用红光笔进行通光测试（如图 4-124 和图 4-125 所示）。

图 4-124　用红光笔进行通光测试（一）

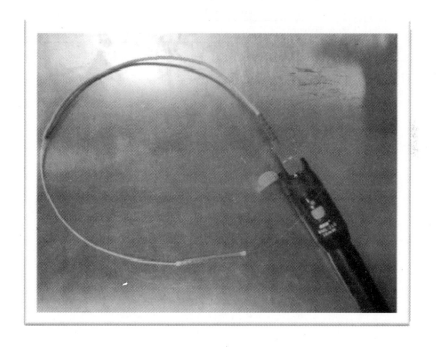

图 4-125　用红光笔进行通光测试（二）

四、实训的评价与测试

光纤的熔接：

（1）实训工具：熔接机、切割刀、米勒钳。

（2）实训设备：熔接机。

（3）实训材料：室外光缆、热缩管、无尘纸、尾纤。

（4）实训过程：如图 4-104～图 4-125 所示。

（5）实训质量要求与评分表。质量要求：裸纤开剥无残留，酒精擦拭裸纤，切割裸纤，裸纤放置到位，尾纤开剥，熔接光纤，熔接损耗，通过红光测试。

评分表见表 4-8。

表 4-8　熔接室外光纤实训评分表

评分项目	评分细则	评分等级	得分
光纤开剥到位	裸纤及尾纤开剥完整，无残留	0～10	
酒精擦拭纤芯	酒精无尘纸擦拭纤芯三次	0～10	
切割光纤	切割刀切割平整	0～10	
光纤熔接放置	光纤熔接放置平整，没有弯曲	0～10	
尾纤开剥	尾纤开剥完整，去除凯夫拉线	0～20	
熔接损耗	熔接损耗在 0.00～0.02dB/km	0～25	
测试通过	红光笔打光测试	0～15	

参考文献

[1] 王公儒. 综合布线工程实用技术[M]. 北京：中国铁道出版社，2015.

[2] 2018 年中国技能大赛第 45 届世界技能大赛全国选拔赛信息网络布线项目技术工作文件[EB/OL]. https://max.book118.com/html/2021/0304/5224033341003134.shtm.